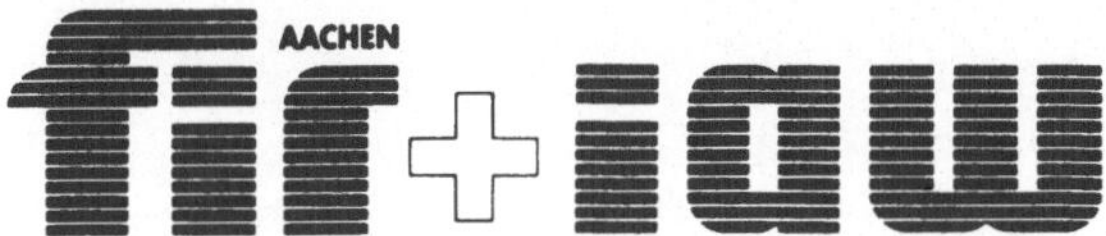

Forschung für die Praxis • Band 25

**Berichte aus dem
Forschungsinstitut für Rationalisierung (FIR)
und dem Lehrstuhl und Institut
für Arbeitswissenschaft (IAW)
der Rheinisch-Westfälischen
Technischen Hochschule Aachen**

Herausgeber: Univ.-Prof. Dr.-Ing. R. Hackstein

E. Miessen

Rechnergestützte Produktionsplanung und -steuerung

Effizienzorientierte Auswahl anpaßbarer Standardsoftware

Mit 24 Abbildungen und 7 Tabellen

Springer-Verlag
Berlin Heidelberg New York
London Paris Tokyo 1989

Dipl.-Ing. Eric Miessen
Forschungsinstitut für Rationalisierung an der Rheinisch-Westfälischen-Technischen Hochschule Aachen

Univ.-Prof. Dr.-Ing. Rolf Hackstein
Inhaber des Lehrstuhls und Direktor des Instituts für Arbeitswissenschaft, Direktor des Forschungsinstituts für Rationalisierung an der Rheinisch-Westfälischen Technischen Hochschule Aachen

D 82 (Diss. TH Aachen)

Entwicklung und Erprobung eines Auswahlverfahrens für Standardsoftware zur Produktionsplanung und -steuerung unter besonderer Berücksichtigung der Softwareanpaßbarkeit

ISBN 978-3-540-51829-7 ISBN 978-3-642-51651-1 (eBook)
DOI 10.1007/978-3-642-51651-1

Gesamtherstellung:
Becker-Kuns · Druck + Verlag GmbH · Peliserkerstr. 86 · 5100 Aachen · Tel. 02 41 / 15 37 67
2160 / 3020-543210

Vorwort des Herausgebers

Die Mechanisierung und Automatisierung der industriellen Produktion hat in den vergangenen Jahren weiter ständig zugenommen. Begriffe wie "Flexible Fertigungssysteme", "Robotereinsatz" oder "CNC-Maschinen" sind einige Deskriptoren dieser Entwicklung. Mit steigender Komplexität der eingesetzten Anlagen, Maschinen und Verfahren erhöhen sich auch die Anforderungen an die Organisation des Zusammenwirkens von Mensch, Betriebsmittel und Material. Die Beherrschung und Verbesserung dieser Ablauforganisation wird mehr und mehr zum entscheidenden Faktor für einen erfolgreichen Einsatz moderner Produktionstechnologien.

Die Ablauforganisation in den Fabriken der Zukunft wird vom Einsatz der Informationstechnik geprägt sein. Einen der Anwendungsschwerpunkte der Informationstechnik in der Ablauforganisation von Produktionsbetriebe bildet der Einsatz von Informationssystemen für die Planung und Steuerung von Produktionsabläufen einschließlich des Transportes und der Lagerung.

Der Erfolg solcher Informationssysteme ist in besonderem Maße davon abhängig, wie gut es gelingt, bei der Entwicklung und beim Einsatz der Systeme gleichermaßen sowohl die technisch-organisatorischen als auch die humanen (arbeitswissenschaftlichen) Aspekte zu berücksichtigen. Während sich die technologische Entwicklung nämlich auf dem Hardware-Sektor äußerst rasant vollzieht, ist zu beobachten, daß zwischen der durch die Hardware gebotenen Möglichkeiten und der durch entsprechende Methoden und Programme (Software) realisierten Anwendungen eine immer größere Lücke entsteht, die als "Software-Lücke" bezeichnet wird.

Erfolge beim betrieblichen Einsatz können weiterhin aber auch nur dann erreicht werden, wenn der Mensch die oben genannten Informationssysteme akzeptiert. Das aber gelingt nur, wenn der

Mensch die sich ergebenden Veränderungen positiv bewältigen kann. Da bisher zu wenig Beweglichkeit, Einfallsreichtum und Flexibilität bei der Entwicklung neuer Bedingungen für die Gestaltung der Arbeitszeit, des Arbeitsplatzes, des Arbeitskräfteeinsatzes, der Arbeitsorganisation und ähnlichem festzustellen ist, zeigt sich hier eine zweite, immer größer werdende Lücke, die vielfach als "Akzeptanzlücke" bezeichnet wird und die in ihren negativen Auswirkungen der "Software-Lücke" sicherlich nicht nachsteht.

Darüber hinaus ist es heute im Hinblick auf die Wirtschaftlichkeit von Neuen Technologien noch allzu häufig üblich, daß man unter der Forderung nach "geringeren Kosten" vorzugsweise "geringere Produktionskosten" und unter "höherer Leistung" vorzugsweise "höhere menschliche Anstrengung" versteht. Es erhebt sich aber vor dem Hintergrund der Massenarbeitslosigkeit die Frage, inwieweit man heute Neue Technologien als Ersatz für Alte Technologien vorzugsweise durch Reduzierung der Personalkosten anstreben muß und man höhere Leistung vorzugsweise nur durch Erhöhung der menschlichen Anstrengung erreichen kann.

Industrielle Führungskräfte sollen hingegen wissen, daß gerade die mit dem Begriff des Computers verbundenen Neuen Technologien so gestaltbar sind, daß dem Menschen nicht höhere Anstrengungen zugemutet wird, sondern der Computer die Arbeit des Menschen so unterstützen kann, daß das Leistungsergebnis- und darauf kommt es ja an - verbessert wird. Es ist folglich zu prüfen, welche Neuen Technologien geeignet sind, sowohl die Wirtschaftlichkeit zu steigern, als auch den Personalfreisetzungseffekt zu vermeiden.

Die Arbeiten der beiden vom Herausgeber geleiteten Institute, des Forschungsinstitutes für Rationalisierung (FIR) an der RWTH Aachen und des Lehrstuhls und Institutes für Arbeitswissenschaft (IAW) der RWTH Aachen, sind vor diesem Hintergrund darauf gerichtet, Beiträge zur Schließung der angezeigten Lücken und zur Realisierung der genannten Forderungen zu leisten. zur Umsetzung gewonnener Erkenntnisse wird die Schriftenreihe "FIR-IAW-Forschung für die Praxis" herausgegeben. Der vorliegende Band setzt diese Reihe fort. Die bisher erschienenen Titel sind am Schluß dieses Bandes aufgeführt.

Dem Verfasser danke ich für die geleistete Arbeit, dem Verlag für die Aufnahme dieser Schriftenreihe in sein Programm und allen anderen Beteiligten für ihren Beitrag zum Gelingen des Bandes.

Rolf Hackstein

0 Inhaltsverzeichnis

1 Einleitung

In diesem Kapitel wird zunächst die dem Thema zugrundeliegende Problemstellung umrissen (Abschnitt 1.1). Darauf aufbauend wird die in dieser Arbeit verfolgte Zielsetzung aufgezeigt (Abschnitt 1.2).

1.1 Problemstellung

Die Situation von Produktionsunternehmen ist aufgrund eines verschärften Wettbewerbs durch erheblich gestiegene Anforderungen an alle mit der Auftragsabwicklung befaßten Bereiche gekennzeichnet. Diese münden insbesondere in gesteigerte Anforderungen an die Produktionsplanung und -steuerung (PPS) (vgl. HACKSTEIN, BRIEF 1986, S. 3). Als wichtigste Anforderungen seien hier in Anlehnung an KITTEL (1987, S. 6 f.) und WIENDAHL, ERDLENBRUCH (1987, S. 4 f.) beispielhaft genannt:

- Senkung von Durchlaufzeiten,
- Senkung von Beständen,
- Steigerung der Termintreue,
- Senkung von Lieferzeiten,
- Steigerung der Auskunftsbereitschaft,
- Steigerung der Transparenz.

Vor diesem Hintergrund versuchen viele Unternehmen, die Aufgabenerfüllung ihrer Produktionsplanung und -steuerung durch den Einsatz geeigneter EDV-Programme und Rechneranlagen, d.h., EDV-gestützter PPS-Systeme, zu verbessern (vgl. BRIEF 1984, S. 1).

Seit geraumer Zeit bietet der Markt eine Vielzahl von PPS-Standardsoftwareprodukten[1] (vgl. SPEITH u.a. 1981; BRIEF u.a.

---

[1]Als "Standardsoftwareprodukt" sei ein konkretes, einzelnes System von standardisierten Programmen eines Softwareanbieters bezeichnet. Ist im Gegensatz dazu die Art ("Gattung") dieser standardisierten Programmsysteme gemeint, soll der Begriff "Standardsoftware" verwendet werden.

1983). Diese Anzahl ist in den letzten Jahren noch erheblich gestiegen (vgl. FÖRSTER u.a. 1987).

Praktische Erfahrungen zeigen jedoch immer wieder aufs neue, daß derartige Systeme in unternehmensspezifische organisatorische Abläufe integriert werden müssen, die fast immer softwareseitige Anpassungen erforderlich machen. Die organisatorische Flexibilität der Anwender hat natürliche Grenzen, nicht zuletzt aufgrund wirtschaftlicher Erwägungen.

In der Vergangenheit waren die angebotenen PPS-Standardsoftwareprodukte relativ unflexibel und mit wenig komfortablen Anpassungsmöglichkeiten ausgestattet. Aus diesem Grund verwendeten große Unternehmen vorzugsweise selbsterstellte Programme, d.h. Individualsoftware, die sie genau so konzipieren konnten, wie sie sie benötigten. Kleinere Unternehmen konnten sich diese aufwendigen Individualprogrammierungen nicht leisten und mußten sich mit dem Angebot an weitgehend unflexibler PPS-Standardsoftware zufriedengeben.

Da sich aufgrund der eingangs angesprochenen Wettbewerbsverschärfung und des anhaltenden Hardwarepreisverfalls[1] auch kleine und mittlere Unternehmen verstärkt um EDV-Unterstützung ihrer PPS bemühen[2] und auch diese Betriebe unternehmensspezifische Abläufe aufweisen, die sie in der Software abbilden wollen, sind immer mehr Anbieter von PPS-Standardsoftwareprodukten dazu übergegangen, ihre Software von vornherein anpaßbar zu gestalten. Aufgrund dieser Anpaßbarkeit werden die Einsatzmöglichkeiten einer Standardsoftware in unter-

---

[1]"Computer costs have plunged dramatically, and it is clear that these reductions will continue, accompanied by mass production of computers" (MARTIN, McCLURE 1983, S. 32).

[2]Auswertungen statistischer Erhebungen in deutschen Unternehmen zeigen, "... daß in den Betrieben mit 50 bis 500 Beschäftigten wesentlich höhere Zuwachsraten beim Computereinsatz in der Produktionsplanung und -steuerung als in den Betrieben mit mehr als 500 Beschäftigten zu erwarten sind und daß auch die Betriebe mit 500 bis 999 Beschäftigten relativ stärker EDV auf dem PPS-Gebiet einsetzen werden als die Betriebe mit mehr als 1000 Beschäftigten" (HACKSTEIN 1987, S. 7)

schiedlichen Firmen mit unterschiedlichen Organisationsformen erweitert und der Erfüllungsgrad der Software im Hinblick auf die jeweiligen betrieblichen Anforderungen gesteigert. Im einzelnen bedienen sich die Programmersteller zur Verwirklichung der Softwareanpaßbarkeit verschiedener Anpassungshilfsmittel, z.B. Parametrisierung, Tabellensteuerung, Programmgeneratoren, User Exits, Makros und Modularisierung, auf die noch im einzelnen eingegangen wird.

Durch die Existenz und den Einsatz solcher Anpassungshilfsmittel in der PPS-Standardsoftware ist ein Softwareprodukt in der Lage, nicht nur ein diskretes Anforderungsprofil zu erfüllen, sondern auch eine ganze Bandbreite von Anforderungen abzudecken, ohne daß jeweils größerer Um- oder Anpassungsprogrammierungsaufwand aufgebracht werden muß. "Moderne leistungsfähige PPS-Systeme bieten heute vielfältige Möglichkeiten zur Anpassung der PPS-Funktionen an die betrieblichen Anforderungen ... , so daß nicht mehr von einem 'Leistungsprofil' dieser Systeme gesprochen werden kann, sondern von einer 'Leistungsbandbreite' gesprochen werden muß" (VIRNICH 1985, S. 8).

Die Entwicklung des Marktes der PPS-Standardsoftware zeigt, daß die Zahl der mit solchen Anpassungsmöglichkeiten ausgestatteten Systeme zunimmt und daß die Anpassungsfähigkeit der Systeme ständig steigt.

Diese Entwicklung führt in der Praxis dazu, daß es einerseits immer schwieriger wird, das tatsächliche Leistungsprofil eines PPS-Standardsoftwareproduktes zu erfassen, da es als Folge der Anpaßbarkeit kein eindeutiges Profil mehr gibt. Andererseits ist diese zunehmende Fähigkeit der PPS-Standardsoftware ein äußerst wichtiges Leistungsmerkmal, das künftig unbedingt als Entscheidungskriterium bei der Auswahl eines PPS-Standardsoftwareproduktes einbezogen werden muß.

Immer wieder wird die Wichtigkeit einer systematischen Vorgehensweise bei der Auswahl von PPS-Standardsoftware hervorgehoben (vgl. z.B. FÖRSTER, MIESSEN 1986, S. 6). "Eine Systematik der Kriterien, diese Bandbreite erfaßbar zu machen und zu beschreiben, fehlt aber bis heute, was die Beurteilungsproblematik bei flexibel anpaßbaren Systemen noch vergrößert" (VIRNICH 1985, S. 8). Denn bislang entwickelte Auswahlhilfen und -verfahren für auf dem Markt angebotene PPS-Standardsoftwareprodukte sind durchgängig auf Kriterien bzw. Methoden aufgebaut, die den Einfluß der Softwareanpaßbarkeit auf die Leistungsfähigkeit der Standardsoftware nicht in ausreichendem Maße oder gar nicht berücksichtigen können und desweiteren die spezifischen Eigenheiten der Anpassungshilfsmittel außer acht lassen.

"Die Flexibilität (Anm. d. Verf.: Anpaßbarkeit) geistert zwar schon seit Jahren fast als Worthülse in Vorträgen, Seminaren etc. herum, hat aber in den konkreten Auswahlverfahren selten eine Rolle gespielt. Der Hauptgrund dafür ist darin zu sehen, daß der Anwender bisher bei der Prüfung und Beurteilung dieses für ein PPS-Standardsystem außerordentlich wichtigen Leistungsmerkmals in der Regel überfordert war" (N.N. 1985, S. 18).

1.2 Zielsetzung

Vor dem beschriebenen Hintergrund ist es die Zielsetzung der vorliegenden Arbeit, als Hilfestellung für heute in der Auswahlsituation befindliche Unternehmen ein Auswahlverfahren zu entwickeln und zu erproben, das eine betriebsindividuelle Bewertung und Auswahl von auf dem Markt angebotenen PPS-Standardsoftwareprodukten unter besonderer Berücksichtigung der Softwareanpaßbarkeit ermöglicht.

Zunächst sollen die für diese Arbeit zentralen Begriffe definiert werden, nämlich "Produktionsplanung und -steuerung", "PPS-Standardsoftware" und "Softwareanpaßbarkeit" (Kapitel 2). Anschließend erfolgt eine Darstellung des Erkenntnisstandes hinsichtlich Anpassungshilfsmitteln, Softwareanpaßbarkeit und Auswahlmethoden für EDV-Systeme (Kapitel 3). Im folgenden Kapitel 4 werden die Grundlagen für das Auswahlverfahren erarbeitet. Darauf aufbauend soll der Kern des Auswahlverfahrens, die Nutzwert-Kosten-Analyse, ausgearbeitet werden (Kapitel 5), um in Kapitel 6 das eigentliche Auswahlverfahren zu entwickeln. Zur Überprüfung seiner Praktikabilität wird das neu entwickelte Auswahlverfahren in einem mittelständischen Unternehmen des Maschinenbaus erprobt (Kapitel 7). Mit der Zusammenfassung und einem Ausblick auf mögliche Weiterentwicklungen des vorgestellten Auswahlverfahrens schließt die vorliegende Arbeit ab (Kapitel 8).

2 Begriffsbestimmungen

In dem Themenkreis, in dem diese Arbeit angesiedelt ist, findet man für gleiche Begriffe häufig unterschiedliche Abgrenzungen und Begriffsinhalte. Daher sollen folgende zentrale Begriffe im vorliegenden Kapitel abgegrenzt und erläutert werden:

- Produktionsplanung und -steuerung (Abschnitt 2.1),
- PPS-Standardsoftware (Abschnitt 2.2) und
- Softwareanpaßbarkeit (Abschnitt 2.3).

2.1 Produktionsplanung und -steuerung (PPS)

"PPS bezeichnet den Einsatz rechnerunterstützer Systeme zur organisatorischen Planung, Steuerung und Überwachung der Produktionsabläufe von der Angebotsbearbeitung bis zum Versand unter Mengen-, Termin- und Kapazitätsaspekten" (AWF 1985, S. 8).

Abbildung 1 veranschaulicht, wie die PPS funktional gegliedert ist. Sie wird in die Teilgebiete "Produktionsplanung" und "Produktionssteuerung" unterteilt (HACKSTEIN 1984, S. 5). Das Teilgebiet "Produktionsplanung" besteht aus den Hauptfunktionen "Produktionsprogrammplanung", "Mengenplanung" sowie "Termin- und Kapazitätsplanung", das Teilgebiet "Produktionssteuerung" setzt sich aus den Hauptfunktionen "Auftragsveranlassung" und "Auftragsüberwachung" zusammen (HACKSTEIN 1984, S. 5). Die Hauptfunktion "Datenverwaltung" wird der PPS direkt untergeordnet, da sie als 'Servicefunktion' gleichermaßen der "Produktionsplanung" wie der "Produktionssteuerung" zur Verfügung steht (vgl. HACKSTEIN 1984, S. 9). Da die Datenverwaltung die Grundlage für die Ausführung aller anderen Hauptfunktionen darstellt, soll sie in der nun folgenden Beschreibung der Hauptfunktionen vorangestellt werden.

TEIL-GEBIET	HAUPT-FUNKTION	Teilfunktion	
	DATENVERWALTUNG	Teilestammdatenverwaltung	
		Stücklistendatenverwaltung	
		Arbeitsplandatenverwaltung	
		Produktionsmitteldatenverwaltung	
		Grobplanungsdatenverwaltung	
PRODUKTIONSPLANUNG	PRODUKTIONSPROGRAMMPLANUNG	Prognoserechnung	
		Grobplanung	
		Lieferterminbestimmung	
		Kundenauftragsverwaltung	
		Vorlaufsteuerung	
	MENGENPLANUNG	Bedarfsermittlung	
		Bestandsführung	
		Beschaffungsrechnung	
		<---- Fertigung --->	<---- Einkauf --->
	TERMIN- U. KAP.-PLANUNG	Durchlaufterminierung	
		Kapazitätsterminier.	
		Reihenfolgeplanung	
PRODUKTIONSSTEUERUNG	AUFTRAGSVERANLASSUNG	Fertigungsauftragsfreigabe	Bestellvorschlagsbearbeitung
		Fertigungsbelegerstellung	Bestellschreibung
		Arbeitsverteilung	
	AUFTRAGSÜBERWACHUNG	Fertigungsauftragsüberwachung	Bestellauftragsüberwachung
		Kapazitätsüberwachung	
		Kundenauftragsüberwachung	

Abb. 1: Gliederung der PPS (in Anlehnung an HACKSTEIN 1984, S. 5; BRIEF 1984, S. 8).

Datenverwaltung

Im Rahmen der Datenverwaltung werden die für die PPS-Funktionen benötigten Grunddaten verwaltet, d.h., angelegt, geändert, gelöscht und beauskunftet. Gemäß den wesentlichen PPS-Datenarten (vgl. NISSING 1982, S. 12) werden die in der Folge beschriebenen Teilfunktionen der Datenverwaltung unterschieden (s. auch Abbildung 1). In der **Teilestammdatenverwaltung** werden teile- bzw. artikelspezifische Daten wie Teile- bzw. Identnummer, Benennung, DIN-Nummer, Abmessungen, Klassifizierungsnummer, usw. gespeichert und verwaltet. Die **Stücklistendatenverwaltung** enthält die Stücklisten in Form von Erzeugnisstrukturen (übergeordnete Teilenummer, Teilenummern der Komponenten mit jeweiliger Menge, ggf. Positionstext). Die Arbeitspläne mit Rüst-, Ausführungs- und Übergangszeiten werden in der **Arbeitsplandatenverwaltung** gepflegt. Die Kapazitäten der Maschinen- bzw. Arbeitsplatzgruppen und Einzelmaschinen bzw. -arbeitsplätze sowie Werkzeug- und Vorrichtungsdaten werden im Rahmen der **Produktionsmitteldatenverwaltung** vorgehalten. Die **Grobplanungsdatenverwaltung** beinhaltet alle Stammdaten, mit Hilfe derer eine Grobplanung der Produktion vorgenommen wird.

Die Beschreibung der nun folgenden Hauptfunktionen erfolgt in Anlehnung an MIESSEN u.a. (1987b, S. 55 - 65), HACKSTEIN (1984, S. 9 - 17) und KITTEL (1983, S. 8 - 21).

Produktionsprogrammplanung

Die Produktionsprogrammplanung hat die Aufgabe, den zu fertigenden Primärbedarf nach Art, Menge und Termin für einen längerfristigen Zeitraum festzulegen. Der Primärbedarf kann dabei sowohl aus einem kundenanonymen Vertriebsprogramm (s. Prognoserechnung) als auch aus konkreten Kundenaufträgen (s. Kundenauftragsverwaltung) resultieren.

Hierzu wird in der **Prognoserechnung** der zukünftige Bedarf an Erzeugnissen als Vorhersage auf der Basis von Vergangenheitswerten ermittelt. Die **Grobplanung** umfaßt Funktionen zur Überprüfung der Durchführbarkeit des Produktionsprogrammes, meistens in Form einer Kapazitätsbedarfsermittlung nach Menge und Termin auf Basis von Grobdaten. Die **Lieferterminbestimmung** dient zur Angabe verbindlicher Liefertermine von Kundenaufträgen für verkaufsfähige Erzeugnisse. Die **Kundenauftragsverwaltung** beinhaltet Funktionen zur Angebots- und Auftragsbearbeitung. Ferner werden Auftragsfertigmeldungen verwaltet, Fertigwarenbestände geführt und der Versand disponiert. Zur Planung und Kontrolle der auftragsabhängigen Arbeiten der der Fertigung vorgelagerten Abteilungen, insbesondere Konstruktion und Arbeitsplanung dient die **Vorlaufsteuerung**.

Mengenplanung

Die Mengenplanung umfaßt alle Planungsmaßnahmen, die das Ziel einer art-, mengen- und termingerechten Bereitstellung von Baugruppen, Teilen und Material für die Fertigung haben.

Zunächst werden dazu im Rahmen der **Bedarfsermittlung** die Sekundärbedarfe errechnet, und zwar sowohl auf der Basis von Stücklistenauflösungen (deterministische oder bedarfsorientierte Disposition), als auch als Bedarfsvorhersage aufgrund von Vergangenheitsverbräuchen (stochastische oder verbrauchsorientierte Disposition). Durch die in den Funktionen der **Bestandsführung** verwalteten Lager-, Bestell-, Werkstatt- und reservierten Bestände können diese Bruttobedarfe in Nettobedarfe überführt werden. Im Anschluß daran faßt die **Beschaffungsrechnung** Nettobedarfe unter verschiedenen Gesichtspunkten, z.B. Losbildung, frühester Bedarfstermin, usw. zusammen, wobei unter Umständen der Kundenauftragsbezug beibehalten werden muß. So entstehen Fertigungsaufträge für die Fertigung und Bestellvorschläge für den Einkauf (s. Abbildung 1).

Termin- und Kapazitätsplanung

Die Termin- und Kapazitätsplanung nimmt die termin- und kapazitätsmäßige Einplanung des Fertigungsprogramms vor.

Dabei werden in der **Durchlaufterminierung** die Bearbeitungszeiten der Arbeitsvorgänge errechnet und deren jeweilige Beginn- und Endtermine ermittelt. Im Rahmen der nachfolgenden **Kapazitätsterminierung** werden zunächst die jeweiligen Kapazitätseinheiten mit den ermittelten Bearbeitungszeiten termingemäß beaufschlagt (Kapazitätsbedarfsermittlung). Bei wesentlichen Kapazitätsüberlastungen wird entweder der Kapazitätsbedarf an das Kapazitätsangebot angepaßt (durch terminliches Verschieben von Arbeitsgängen oder Fertigungsaufträgen) oder das Kapazitätsangebot (z.B. durch Einrichten von Sonderschichten) erhöht (Kapazitätsabstimmung). Die **Reihenfolgeplanung** stellt pro Kapazitätseinheit optimale Abarbeitungsreihenfolgen der Fertigungsaufträge her. Bei den meisten PPS-Standardsoftwareprodukten ist diese Funktion allerdings nicht mehr als rechenintensives Planungsprogramm ausgeführt, sondern wird als Steuerungsmaßnahme der Arbeitsverteilung direkt in den Meisterbereichen vorgesehen.

Auftragsveranlassung

In der Auftragsveranlassung werden alle Maßnahmen zur termingerechten Durchsetzung der eingeplanten Fertigungsaufträge und Bestellvorschläge zusammengefaßt.

Die Fertigungsaufträge werden im Rahmen der **Fertigungsauftragsfreigabe** nach Verfügbarkeitsprüfungen im Hinblick auf Material, Kapazität, Werkzeuge, etc. zur Fertigung freigegeben. Aufgabe der **Fertigungsbelegerstellung** ist die Erstellung der zur Fertigung benötigten Arbeitspapiere, Rückmeldescheine, Materialentnahmescheine usw. Die **Arbeitsverteilung** generiert Vorschläge zur kurzfristigen Verteilung der Aufträge auf die einzelnen Arbeitsplätze bzw. Betriebsmittel.

Unter der **Bestellvorschlagsbearbeitung** werden Funktionen zur Freigabe und Zuordnung der Bestellvorschläge zu Lieferanten zusammengefaßt. Das Drucken der Bestellschreiben ist Aufgabe der **Bestellschreibung**.

Auftragsüberwachung

Im Rahmen der Auftragsüberwachung werden Fertigungs-, Bestell- und Kundenaufträge auf mengen- und termingerechte Einhaltung überwacht sowie die Kapazitätsbelastungssituation kontrolliert.

Dazu werden in der **Fertigungsauftragsüberwachung** Funktionen zur Erfassung und Beauskunftung des Arbeitsfortschrittes auf Arbeitsvorgangs- und Fertigungsauftragsebene zusammengefaßt. In der **Kapazitätsüberwachung** wird die Belastungssituation der einzelnen Kapazitätseinheiten (Maschinen bzw. Arbeitsplätze) erfaßt und beauskunftet.

Die **Bestellauftragsüberwachung** hat die Aufgabe, Materialeingänge zu registrieren und die offenen bzw. gelieferten Bestellungen auf Mengen- und Termineinhaltung zu überwachen.

Der Fortschritt der Kundenaufträge wird durch die Funktionen der **Kundenauftragsüberwachung** beauskunftet, die sowohl Fertigungsteile wie Zukaufteile umfaßt.

2.2 PPS-Standardsoftware

Nachdem der vorige Abschnitt die Inhalte der PPS beschrieb, gilt dieser Abschnitt dem Begriff "PPS-Standardsoftware". Dabei sind die beiden Begriffskomponenten **Standardsoftware** und Software **zur Produktionsplanung und -steuerung** zunächst jeweils für sich zu erläutern.

Unter "**Standardsoftware**" sind standardisierte EDV-Programme zu verstehen, die so konzipiert und erstellt wurden, daß sie für mehrere ähnliche Anwendungsfälle eingesetzt werden können. Im Gegensatz dazu stehen EDV-Programme, die individuell für einen speziellen Anwendungsfall erstellt wurden. Sie werden als Individualsoftware bezeichnet.

Das Hauptmerkmal der Standardsoftware ist ihre Standardisierung, denn Standardsoftware ist ein "... Programm für ständig und in vielen Betrieben gleichartig auftretende Anwendungsgebiete und Aufgabenstellungen" (SCHULZE 1986, S. 346). Standardsoftware muß normiert bzw. standardisiert sein, um eine ganze Klasse von Problemen verarbeiten zu können (KIRSCH u.a. 1979, S. 35). Dies ist erforderlich, damit Standardsoftware "... bei einer gewissen Anzahl von Benutzern mit unterschiedlichen organisatorischen Gegebenheiten ... einsatzfähig ist ..." (FRANK 1980, S. 15).

Damit nun andererseits der einzelne Anwender seine unterschiedlichen organisatorischen Gegebenheiten in der Standardsoftware wirtschaftlich berücksichtigen kann, fordert FRANK (1980, S. 15), daß der "... Anpassungsaufwand für den vorgesehenen Einsatz nach Zeit und Umfang klar definiert ist". Für KIRSCH u.a. (1979, S. 35) bedeutet dies, daß Standardsoftware flexibel und anpaßbar programmiert sein muß.

Während die genannten Autoren, denen sich der Verfasser anschließt, auch solche Programme als Standardsoftware bezeichnen, die zunächst als Individualsoftware entwickelt und nachträglich standardisiert wurden, setzt SCHEER (1982, S. 10) beim Begriff "Standardsoftware" voraus, daß die Software von vornherein für einen breiten Anwenderkreis entwickelt wurde.

Unter "**Software zur Produktionsplanung** und -steuerung" oder kürzer "**PPS-Software**" soll Software zur Erfüllung der Aufgaben der Produktionsplanung und -steuerung verstanden werden, die sowohl als Individual- als auch als (anpaßbare) Standardsoftware erstellt werden kann.

Zusammenfassend soll in dieser Arbeit unter PPS-Standardsoftware eine standardisierte Software verstanden werden, deren Konzeption die Bearbeitung der Aufgaben der Produktionsplanung und -steuerung bei unterschiedlichen organisatorischen Randbedingungen erlaubt. Der für den jeweiligen konkreten Einsatz erforderliche Anpassungsaufwand soll aufgrund vorhandener Anpassungshilfsmittel zeitlich und kostenmäßig begrenzt sein.

2.3 Softwareanpaßbarkeit

Das zu entwickelnde Auswahlverfahren soll die Softwareanpaßbarkeit berücksichtigen. Dazu soll in diesem Abschnitt der Begriff "Softwareanpaßbarkeit" definiert und abgegrenzt werden.

Im Zusammenhang mit Software generell werden die Begriffe "Anpaßbarkeit", "Flexibilität", "Änderbarkeit" und "Korrigierbarkeit" synonym verwendet. Betriebswirtschaftliche Autoren diskutieren vor allem den Begriff "Flexibilität". Dieser Begriff soll daher Ausgangspunkt der folgenden Besprechung sein.

Grundsätzlich findet man in der betriebswirtschaftlich orientierten Literatur zwei unterschiedliche Formen der Flexibilität, deren gemeinsamer Ausgangspunkt die Unsicherheit über die zukünftige Entwicklung ist.

Zum einen wird unter Flexibilität die Eigenschaft von Systemen verstanden, Eventualentscheidungen zu ermöglichen, soweit die zu früheren Zeitpunkten gewählten Aktionen noch einen Entscheidungsspielraum belassen (HAX, LAUX 1972, S. 320 - 322). In diesem Sinne wird die Flexibilität als dichotome Eigenschaft aufgefaßt, über die ein System entweder verfügt oder nicht.

Die andere Auffassung bezeichnet Flexibilität als Eigenschaft von Systemen, für zukünftige Zeitpunkte noch Entscheidungsspielräume und Änderungsmöglichkeiten offen zu halten (vgl. HAX, LAUX 1972, S. 322). So definiert VOLBERG (1981, S. 37): "Flexibilität ist die sich im materiellen und immateriellen Vorbereitungsgrad dokumentierende Fähigkeit von Systemen und Sytemelementen zur reaktiven oder präventiven Anpassung an

veränderte bzw. sich ändernde inner- und außerbetriebliche Bedingungen."

Damit ist Flexibilität im Gegensatz zur ersten Auffassung keine dichotome, sondern eine stetige Eigenschaft, über die ein System in mehr oder minder großem Maße verfügt.

Wie auch WICHARZ (1983, S. 137) feststellt, bilden so umfassende und allgemein gehaltene Definitionen wie die von VOLBERG die Ausnahme. Meist ist der Flexibilitätsbegriff konkret auf das zu untersuchende Objekt bezogen definiert. Dabei ist kennzeichnend, daß die Flexibilität bei jedem Objekt durch unterschiedliche Eigenschaften repräsentiert wird (vgl. REICHWALD, BEHRBOHM 1983, S. 831 - 834; HORVATH, MAYER 1986, S. 69 - 71; WICHARZ 1983, S. 137 - 141). Deshalb soll nachfolgend der Blickwinkel zunächst auf das Objekt EDV eingeschränkt werden.

In einem einschlägigen EDV-Lexikon findet sich der Begriff "Anpaßbarkeit" nicht, wohl aber der Begriff "Anpassung" (SCHULZE 1986, S. 23). Versteht man Anpaßbarkeit als Fähigkeit zur Anpassung, so lassen sich die Angaben zu "Anpassung" auf den Begriff "Anpaßbarkeit" übertragen. Als wesentliche Anpaßbarkeitsbereiche lassen sich damit in Anlehnung an SCHULZE anführen:

1. Anpaßbarkeit zwischen Hardwarekomponenten untereinander,
2. Anpaßbarkeit von Systemsoftware[1] an Hardware,
3. Anpaßbarkeit von Anwendungssoftware[2] an Systemsoftware,
4. Anpaßbarkeit von Software an geänderte Bedingungen im Anwendungsbereich sowie

---

[1]Unter Systemsoftware, auch Betriebssystem, versteht man alle Programme, die die Datenverarbeitungsanlage steuern und ihr ein wirtschaftliches Arbeiten ermöglichen (vgl. SCHULZE 1986, S. 360).

[2]Im Gegensatz zur Systemsoftware steht die Anwendungssoftware, die spezielle betriebliche Sachaufgaben erledigt (vgl. SCHULZE 1986, S. 25).

5. Anpaßbarkeit von Hard- und Software an die Erfordernisse des menschlichen Benutzers (Ergonomie).

Da das Objekt der vorliegenden Arbeit die PPS-Standardsoftware ist, werden die Punkte 1. und 2. hier nicht betrachtet. Auch Punkt 3. soll nicht Betrachtungsgegenstand dieser Arbeit sein: die Tatsache, ob ein bestimmtes PPS-Standardsoftwareprodukt unter einem oder mehreren Betriebssystemen ablauffähig ist, wird genauso wie die Ablauffähigkeit auf einer oder mehreren Hardwareanlagen lediglich zur Kenntnis genommen. Unter Softwareanpaßbarkeit soll in dieser Arbeit die Anpaßbarkeit von Software an geänderte Bedingungen im Anwendungsbereich (Punkt 4.) gefaßt werden. Eine Betrachtung des softwarebezogenen Teilaspektes des Punktes 5., nämlich die Anpaßbarkeit der Software an die Erfordernisse des menschlichen Benutzers, würde in umfassender Weise im Rahmen dieser Arbeit zu weit führen. Dieser Punkt soll daher lediglich gestreift werden.

Bei anderen Autoren finden sich gleiche Überlegungen. So ist nach ZIMMERMANN (1983, S. 114) und KIRSCH u.a. (1979, S. 68) die Softwareanpaßbarkeit ein Maß dafür, ob, inwieweit und mit welchem Aufwand Software unter geänderten Anforderungen und Gegebenheiten eingesetzt werden kann (vgl. Punkt 4. bei SCHULZE). Die Anpassung einer Software kann dabei mit Hilfe implementierter Anpassungshilfsmittel oder aber durch direktes Umprogrammieren erfolgen. Im Falle einer Umprogrammierung wird die Softwareanpaßbarkeit durch die Änderungsfreundlichkeit des Programms bestimmt (ZIMMERMANN 1983, S. 114). Auch sie wird mit Hilfe des Aufwandes gemessen, der für die Programmänderung erforderlich ist (vgl. ÖSTERLE 1976, S. 196).

ZIMMERMANN und KIRSCH u.a. formulieren den Begriff der Softwareanpaßbarkeit anhand des Effektes, den sie erzielen soll: einen möglichst geringen Aufwand zur Veränderung der Software bei geänderten Anforderungen. Die Möglichkeit einer unmittelbaren Codeänderung wird eingeschlossen.

3 Darstellung des Erkenntnisstandes

Zur Lösung der aufgezeigten Problemstellung und entsprechend der Zielsetzung erscheint die Untersuchung der folgenden drei Hauptfragestellungen angezeigt, deren Abhandlung in diesem Kapitel erfolgt:

1) Mit welchen Anpassungshilfsmitteln wird die Softwareanpaßbarkeit in der PPS-Standardsoftware verwirklicht? (Abschnitt 3.1)
2) Welche Ansätze existieren zur Berücksichtigung der Softwareanpaßbarkeit bei der Softwareauswahl? (Abschnitt 3.2)
3) Welche Methoden kamen bei der EDV-Systemauswahl bislang zum Einsatz? (Abschnitt 3.3)

3.1 Anpassungshilfsmittel

Unter "Anpassungshilfsmittel" werden hier alle Methoden, Mittel und Maßnahmen verstanden, die zur Verwirklichung der Softwareanpaßbarkeit dienen. Sie werden alle bereits eingesetzt und sind auch vereinzelt in der Literatur beschrieben. Eine zusammenhängende Darstellung der Anpassungshilfsmittel unter dem Aspekt der Anpaßbarkeit wurde bislang jedoch nicht vorgefunden.

Im folgenden werden die Anpassungshilfsmittel selbst, ihre Anwendungsmöglichkeiten und Einsatzformen geschildert. Diese Beschreibung basiert auf den Ergebnissen einer 1987 am Forschungsinstitut für Rationalisierung vom Verfasser durchgeführten empirischen Studie, bei der dreißig Anbieter von Standardsoftwareprodukten zur Produktionsplanung und -steuerung zu den in ihrer Software verwendeten Anpassungshilfsmitteln befragt wurden. In Abbildung 2 sind die Verwendungshäufigkeiten der einzelnen Anpassungshilfsmittel bei den dreißig PPS-Standardsoftwareprodukten dargestellt.

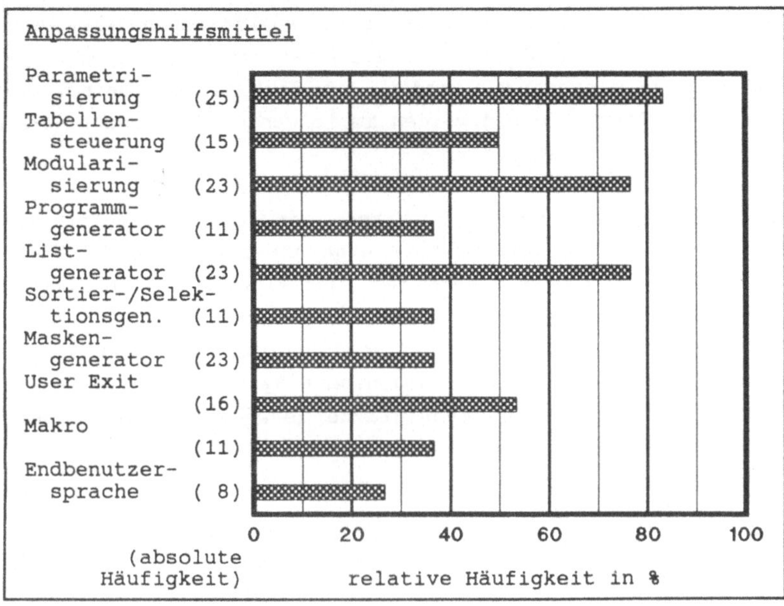

Abb. 2: Verwendungshäufigkeiten einzelner Anpassungshilfsmittel in dreißig PPS-Standardsoftwareprodukten.

Die Reihenfolge bei der nun folgenden Beschreibung der Anpassungshilfsmittel ist so gewählt, daß möglichst wenige Vorverweise auf noch kommende Ausführungen erforderlich sind.

3.1.1 Parametrisierung

Unter Parametrisierung versteht man eine bestimmte Form der Programmierung, bei der Abläufe im Programm durch Parameter gesteuert werden. Je nach dem, welcher aktuelle Parameterwert dem formalen Parameter (formaler Parameter = Platzhalter) später zugesprochen wird, wird das Programm variiert bzw. führt unterschiedliche Aufgaben aus.

Das Anpassungshilfsmittel Parametrisierung findet eine breite Verwendung in allen Bereichen von PPS-Standardsoftware und wird zumeist in Kombination mit anderen Anpassungshilfsmitteln eingesetzt. Daher soll auf seine kombinierten Verwendungen nicht hier, sondern bei den entsprechenden Anpassungshilfsmitteln eingegangen werden. Aus der Vielzahl seiner unabhängigen Einsatzformen werden im folgenden die wesentlichen exemplarisch vorgestellt.

Parametrisierungen werden im Rahmen der anwenderspezifischen Programmerstellung verwendet. Einige Anbieter setzen die Parametrisierung zur Steuerung der Installation der jeweiligen kundenspezifischen PPS-Standardsoftware ein. Ferner werden Schnittstellen durch Parameter spezifiziert bzw. auch realisiert. Parameter finden als sogenannte Systemparameter (= systemweit gültige Größe) mannigfache Verwendung. Einige Beispiele mögen dies belegen:

- (eigener) Firmenname,
- interner Zinsfuß,
- Übergangszeitentabelle,
- Mehrwertsteuersatz,
- Skonto,
- Anzahl Match-Codes,
- Inventurart,
- Lieferbedingungen,
- Art des Betriebskalenders,
- Kalkulationsschema,
- Defaultwerte (Standardvorbelegungen),
- Typ der Artikelnummer,
- ...

Parameter werden auch zur Programmablaufsteuerung eingesetzt. Ein Beispiel hierfür ist die Bestimmung der Verarbeitungsart einer Funktion bzw. eines Programmes: der Anwender kann nach der Anwahl eines Programms durch Eingabe eines Parameters entscheiden, ob das Programm in Dialog-, Hintergrund- oder Stapelverarbeitung abgearbeitet werden soll.

Bei der Ausgestaltung der Benutzerberechtigung werden über Parameter sachbearbeiterbezogene und / oder programmbezogene Zugriffsberechtigungen festgelegt. Desweiteren werden Parameter zur Zuordnung von Bildschirmgeräten zu Druckern sowie zur Festlegung von Bildschirmfunktionen verwendet.

Im Bereich der Datenhaltung werden durch Parameter Datenformate, Typen von Datenfeldern, Schlüssel- und Feldlängen festgelegt, Wertebereiche gesteuert und Datenbankstrukturen definiert.

Parameter können sowohl dem Anwender zur Veränderung zugänglich, ihre Änderung kann aber auch ausschließlich dem Anbieter vorbehalten sein. Auch innerhalb eines PPS-Standardsoftwareproduktes können beide Fälle auftreten.

3.1.2 Tabellensteuerung

Unter Tabellensteuerung versteht man das Beauskunften und Ändern von Parametern in Tabellen, d.h. in tabellenförmig aufbereiteten Masken[1]. Die Parameter werden in Dateien gespeichert und steuern den Programmablauf. Damit ist die Tabellensteuerung eine spezielle Erscheinungsform der Parametrisierung.

Die Anwendungsmöglichkeiten und vorgefundenen Einsatzformen der Tabellensteuerung sind mit denen der Parametrisierung dann identisch, wenn die Parameter in Tabellenform am Bildschirm eingegeben und verwaltet werden. Die Tabellensteuerung ist dem Anwender immer zugänglich.

Als besondere Verwendung der Tabellensteuerung ist die Verwaltung von Schlüsselzahlen in Tabellenform zu nennen. Beispielsweise werden unterschiedliche Mehrwertsteuersätze, Wechselkurse sowie viele fixe Schlüsselwerte der Funktionsbereiche Einkauf und Vertrieb in (Parameter-)Tabellen beauskunftet und gepflegt.

---

[1] "Als Maske bezeichnet man die formularmäßige Einteilung des Bildschirmes einer Datensichtstation ... " (SCHULZE 1986, S. 242).

Eine besondere Komfortstufe der Tabellensteuerung besteht in Form der sogenannten Tabellensprachen, bei denen Änderungen der Parameter ohne Programmierkenntnisse durchgeführt werden können.

3.1.3 Modularisierung

Mit Modularisierung wird eine spezielle Vorgehensweise bei der Programmierung bezeichnet. Man versteht unter Modularisierung die Gliederung eines Programms in abgegrenzte Teile (Module, Bausteine), die jeweils eine bestimmte, eindeutige Aufgabe wahrnehmen. Durch unterschiedliche Kombination dieser einzelnen Module lassen sich Systeme für verschiedene Zwecke zusammenstellen.

Eine Modularisierung von Software kann aus zwei unterschiedlichen Perspektiven erfolgen (s. Abbildung 3). Module, die nach der funktionalen Perspektive gebildet werden, umfassen beispielsweise die Materialwirtschaft, die Bedarfsplanung oder die Terminplanung. Module, die nach der programmiertechnisch orientierten Perspektive gebildet werden, sind beispielsweise Steuermodul, Anwendermodul, Definitionsmodul, Dateierklärungsmodul, Ein- und Ausgabesystem (vgl. KURBEL 1983, S. 234).

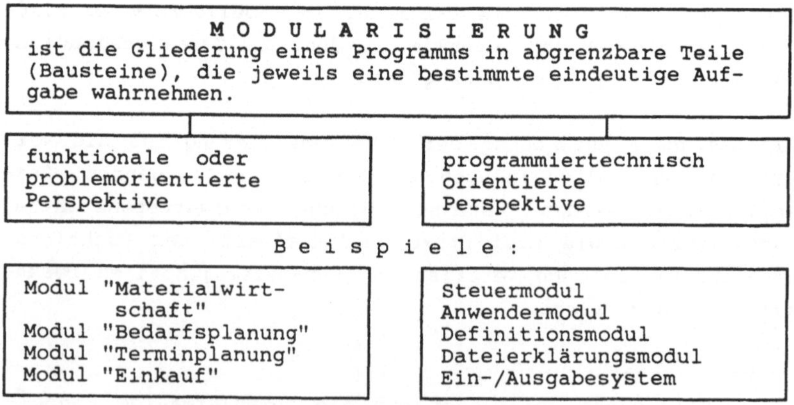

M O D U L A R I S I E R U N G
ist die Gliederung eines Programms in abgrenzbare Teile (Bausteine), die jeweils eine bestimmte eindeutige Aufgabe wahrnehmen.

funktionale oder problemorientierte Perspektive	programmiertechnisch orientierte Perspektive
B e i s p i e l e :	
Modul "Materialwirtschaft" Modul "Bedarfsplanung" Modul "Terminplanung" Modul "Einkauf"	Steuermodul Anwendermodul Definitionsmodul Dateierklärungsmodul Ein-/Ausgabesystem

Abb. 3: Perspektiven der Modulbildung.

Bezüglich des Umfanges eines Moduls wurden keine Einschränkungen gefunden. Bei der oben genannten Untersuchung von dreißig PPS-Systemen schwankte die Modulanzahl zwischen 5 und 600 (vgl. Abbildung 4). Als Modul werden Programmabschnitte bezeichnet, die sowohl ganze Hauptfunktionen, Teilfunktionen, aber auch Einzelfunktionen der PPS abdecken.
Module können durch Parameter spezifiziert werden. Mit einer modularen Konzeption ihrer PPS-Standardsoftware verfolgen die Anbieter mehrere Zielsetzungen. So zum Beispiel

- Möglichkeit zur Auswahl und Erweiterung der Software zur kunden- bzw. anwenderspezifischen Gestaltung,
- Verbesserung der Wartbarkeit (durch erhöhte Übersichtlichkeit),
- Möglichkeit der Menüführung (Ansprechen der einzelnen Module im Menü),
- Nutzung der Overlaytechnik (Anpassung an Rechner oder Speichergröße),
- verbesserte Informationsauswertung (hier werden Modulaufrufe wie Endbenutzer- bzw. Datenbankabfrage-Sprachbefehle eingesetzt).

Module lassen sich insbesondere durch zwei Merkmale unterscheiden:

1. Abhängigkeit zu anderen Modulen:
   - Das Modul als Stand-Alone-Programm (große Flexibilität).
   - Es sind Basismodule vorgeschrieben, die beliebig durch Erweiterungs- oder Zusatzmodule ergänzt werden können (mittlere Flexibilität).
   - Die Module können nur in einer einzigen (festgelegten) Reihenfolge implementiert werden (geringe Flexibilität).

2. Schnittstellen zwischen den Modulen:
   - Umfang der Schnittstellen (wieviele Daten werden übergeben?),
   - Anzahl der Ansprünge (wie häufig werden Daten übergeben?),

- **Verflechtung mit programmtechnischer Abhängigkeit von den umgebenden Modulen.**

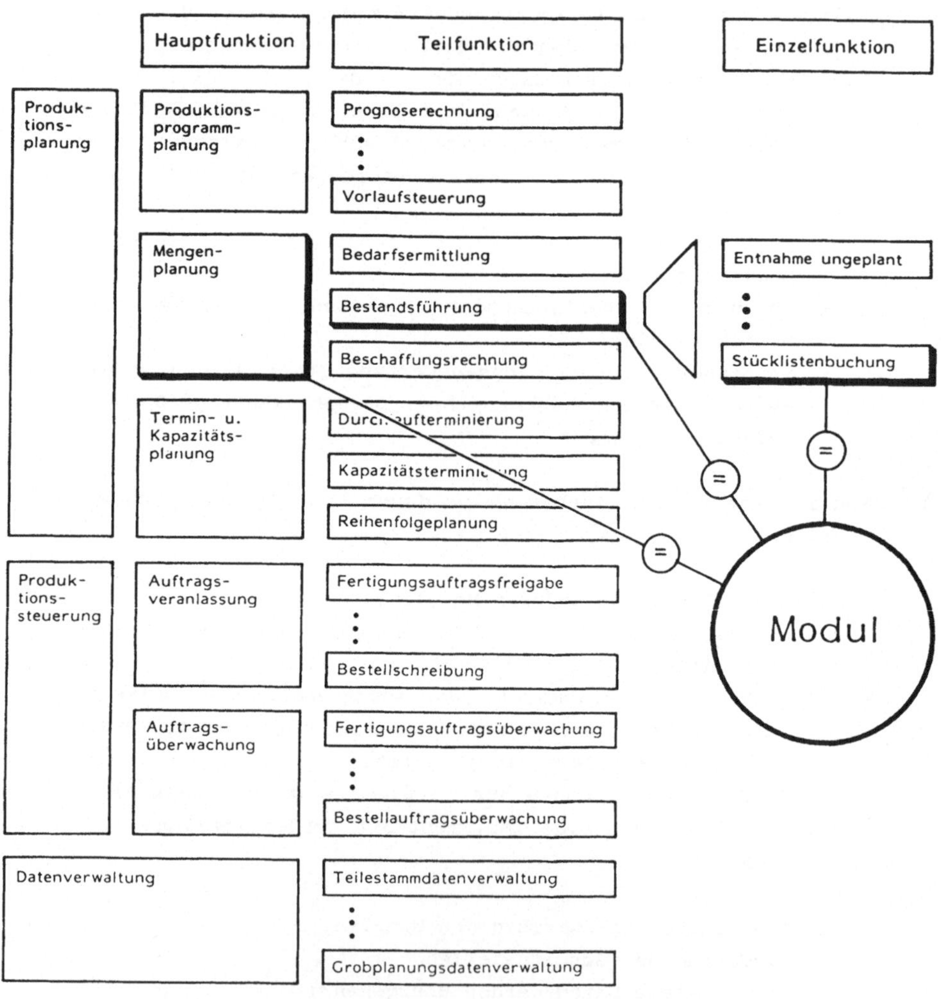

<u>Abb. 4</u>: Unterschiede in der Modulgröße.

3.1.4 Programmgenerator

"Ein Programmgenerator ist ein Programmentwicklungssystem, das mit Hilfe von Parameterangaben neue Programme erzeugt" (SCHULZE 1986, S. 291). Ein Generator eignet sich immer nur für eine bestimmte Programmstruktur, seine Einsetzbarkeit ist also gegenüber Programmiersprachen eingeschränkt. "Die Schaffung von Generatoren lohnt sich nur dort, wo zahlreiche strukturgleiche oder strukturähnliche Programme benötigt werden" (SCHULZE 1986, S. 291).

Viele Anbieter setzen zur Auswahl und Spezifizierung des vom konkreten Anwender gewünschten PPS-Standardsoftwareproduktes einen eigens zu diesem Zweck geschriebenen Programmgenerator ein. Entsprechend den Parameterangaben selektiert und spezifiziert er bestimmte Module aus dem PPS-Standardsoftwareumfang, legt Längen und Strukturen von Datensätzen sowie Integrationen zwischen einzelnen Modulen fest. Er konfiguriert sozusagen je Anwender eine kundenspezifische Version des PPS-Standardsoftwareproduktes.

Neben den Programmgeneratoren, die ein ganzes PPS-Standardsoftwareprodukt generieren, gibt es auch solche, die bestimmte Programme, die häufig umgestaltet werden müssen, erzeugen. Diese sind im wesentlichen

- Listgenerator,
- Selektionsgenerator,
- Sortiergenerator,
- Maskengenerator.

Listgenerator

Der List(en)(programm)generator erzeugt ein Programm zur Erzeugung einer Liste. "Aus einer Datei einzulesender Datensätze werden ganz bestimmte gleichartige Umformungen wie Zusammenfassungen, Berechnungen ... durchgeführt und listenförmige Ergebnisse über einen Drucker erzeugt" (SCHULZE 1986, S.

319). Eingabe, Rechnung und Ausgabe werden durch Parameter spezifiziert.

Aus dieser Aufgabenstellung hat sich der bekannte Programmgenerator RPG (Report Program Generator) für den Anwendungsbereich der kommerziellen Datenverarbeitung entwickelt. Das mittlerweile zum RPG III weiterentwickelte RPG "... stellt einen vollständigen, für alle Aufgabenstellungen kaufmännischer Art denkbaren Katalog von Anwendungen dar, die jeweils durch einfache Parameterauswahl geschaffen werden können" (SCHULZE 1986, S. 319)[1].

Formular- und Druckprogrammgeneratoren erzeugen ebenfalls Ausdrucke, allerdings nicht in Form von Listen. Sie sind zum Druck von Fertigungspapieren wie beispielsweise Werkstattauftrag oder Laufkarte, Materialentnahmescheine, Rückmeldescheine, Lohnscheine, Bestellschreiben oder ähnliche Belege und Formulare konzipiert.

Selektionsgenerator

Der Selektionsgenerator erzeugt Programme, die Daten nach einzugebenden Ordnungsbegriffen aus einer Datengesamtheit heraussuchen (vgl. SCHULZE 1986, S.330).

Häufig sind selektierende Datenmanipulationen im Listgenerator integriert; in diesen Fällen gibt es dann keine separaten Selektionsgeneratoren.

Sortiergenerator

Der Sortier- oder Sortier-Misch-Generator erzeugt Programme, die eine Reihenfolge in einer Datenmenge nach einem fortlau-

---

[1]Trotz seiner Eigenschaft als Listenprogrammgenerator zählen andere Autoren wie beispielsweise DWORATSCHEK (1986, S. 345 f.) RPG eher zu den problemorientierten Programmiersprachen, schränken jedoch ihre Zuordnung ein, "... da bei RPG und ähnlich auch bei anderen Generatorsprachen eine relativ starre Programmstruktur festgelegt ist" (DWORATSCHEK 1986, S. 346).

fenden Ordnungsbegriff herstellen (vgl. SCHULZE 1986, S. 338). Das Mischen ist erforderlich, sobald Daten von mehr als einer Datei verarbeitet werden.

Auch Sortierfunktionen sind vielfach im Listgenerator bereits vorgesehen, so daß ein eigenständiger Sortiergenerator nicht vorhanden ist.

Maskengenerator

Der Maskengenerator erzeugt Programme zur Erzeugung und Veränderung von Masken (vgl. SCHULZE 1986, S. 242 f.).

List-, Selektions-, Sortier- sowie Maskengeneratoren sind häufig in Datenbankabfragesprachen[1] eingebunden. Der Deutlichkeit halber soll nochmals erwähnt werden, daß Programmgeneratoren nur mit Hilfe der anzugebenden Parameter ablauffähige Programme erzeugen können.

Der Übergang zwischen "normalen" Programmen und Programmgeneratoren ist fließend. Jedes Programm, das aufgrund von Vorlauf- oder Steuerkarten Programmbefehle modifiziert oder Schalter und Weichen verändert, hat schon Generatoreigenschaften.

In bezug auf die Softwareanpaßbarkeit ist es bedeutsam, ob der Programmgenerator einen Quellcode[2] oder einen Objektcode[3]

---

[1]Datenbank-, Abfrage- oder Datenbankabfragesprache oder Query Language ist eine "Programmier- und Bedienungssprache für den direkten Zugang des Benutzers zu umfangreichen Dateien und Datenbanken" (SCHULZE 1986, S. 7). Vgl. hierzu auch Abschnitt 3.1.7.

[2]Unter Quellcode (Englisch: source code) versteht man ein Programm in der Form einer symbolischen Programmiersprache (z.B. COBOL, PL1, FORTRAN), das noch nicht ablauffähig ist, sondern erst mit Hilfe eines Compilers übersetzt oder mit Hilfe eines Interpreters interpretiert werden muß.

erzeugt. Ersterer kann nämlich von Programmierern gelesen und bei Bedarf nachträglich ohne erneuten Einsatz des Programmgenerators modifiziert werden, beim zweiten entfällt diese Änderungsmöglichkeit, da Objektcode aufwendig zu lesen ist, und nicht jeder Programmierer Objektcode lesen kann.

Für Programmgeneratoren zur interaktiven Verwaltung und Anzeige, also List-, Selektions-, Sortier- und Maskengeneratoren sind folgende weiteren Unterscheidungsmerkmale für den Anwender interessant:

- **Ist der Generator im Standardsoftwarelieferumfang enthalten (wird also das generierende Programm mit ausgeliefert), oder handelt es sich beim Generator um ein eigenständiges Programm, dessen Nutzung dem Anbieter vorbehalten bleibt?**
- **Ist die Anwendung des Generators auf ein bestimmtes Aufgabengebiet beschränkt? Während beispielsweise bei** gewissen List- bzw. Maskengeneratoren lediglich Designs von Listen bzw. Masken geändert werden können, können universelle Programmgeneratoren viele verschiedene Sachverhalte in lauffähige Programme umsetzen (z.B. RPG).
- Ist der Generator in eine Datenbankabfragesprache eingebunden?

3.1.5 User Exit

Beim User Exit (wörtlich: Benutzerausgang) handelt es sich um eine vom Anbieter der Standardsoftware definierte Stelle im Standardprogramm für den Übergang in ein benutzerindividuelles Programm und / oder eine Datei. Dabei wird bei Inanspruchnahme des User Exit der vorhandene Standardsoftwarequellcode in Unterprogramm- oder Einschubtechnik ergänzt bzw. erweitert. Nach Durchlauf des anwenderspezifischen Ein-

---

[3]Ein übersetztes bzw. interpretiertes Programm bezeichnet man als Objektcode (Englisch: object code). Es besteht aus Maschinensprache, d.h. es kann vom Rechner direkt verarbeitet werden.

schubes setzt der Rechner die Bearbeitung des Standardprogramms an der Aussprungstelle fort.

Neben User Exits zu anwenderspezifischen Programmen oder Dateien können User Exits häufig auch Programmsprünge zu List-, Selektions- und Sortiergeneratoren beinhalten. In vielen Standardsoftwareprodukten werden über User Exits Möglichkeiten für individuelle Berechnungen des Anwenders bzw. Endbenutzers angeboten, beispielsweise zur Preisfindung oder zur Berechnung von Vorgabezeiten. Hierbei wird eine Taschenrechnerfunktion der Software aktiviert, wobei einige Softwareprodukte auch die Abspeicherung von Formeln ermöglichen. Eine weitere Form des User Exit sind die sogenannten Call-Schnittstellen, durch die Sprünge in benutzerindividuelle Programme ausgeführt werden. Schließlich werden Aktionsdatenbanken mit User Exits versehen, so daß der Anwender mit eigenen Programmen den Dateninhalt der Aktionsdatenbank be- bzw. abarbeiten kann.

Die Ausführungsformen des Anpassungshilfsmittels User Exit können anhand des Kriteriums "Aussprungmöglichkeit" differenziert werden. Hier kann unterschieden werden nach

1. Aussprung ist nur an definierten Stellen bzw. in vorgegebenen Bereichen des Standardprogramms möglich. Bei Vorliegen des Quellcodes lassen sich auch nachträglich noch relativ leicht Unterprogrammaufrufe bzw. Sprungbefehle ins Standardprogramm einbauen. Liegt das Standardprogramm jedoch lediglich im Objektcode vor, ist der Anwender auf die definierten User Exits festgelegt.
2. Aussprung aus dem Standardprogramm mit anschließendem Rücksprung ist generell, d.h. an jeder Stelle, möglich.

Ferner können für den Anwender relevant sein

3. die Anzahl der User Exits in den einzelnen Modulen oder Programmen,
4. der Umfang der übergebenen Daten.

3.1.6 Makro

Makros sind Zusammenfassungen von Befehlen für immer wiederkehrende gleichartige Vorgänge innerhalb von Programmen. Sie werden ähnlich wie Bausteine oder Module eingesetzt. Makros werden insbesondere für Ein- und Ausgabeoperationen verwendet. Durch Parametrisierung des Makros können Varianten der Befehlsroutinen erzeugt werden.

In den PPS-spezifischen Verarbeitungsprogrammen werden Makros
- sowohl zur Programmerstellung, z.B. im Rahmen der Copytechnik bei der COBOL-Programmierung oder als Bausteine aus einer Programmbibliothek,
- zur Steuerung des Programmablaufes, z.B. als Baustein zur Ablaufsteuerung,
- als Definitionsbaustein für Programmvariablen

eingesetzt.

Ferner werden Makros für Syntaxstrukturen, für Bildschirmmasken und Druckgestaltung, für Überschriften und für Tabelleninhalte als aufrufbare Prozeduren aus Programmbibliotheken eingesetzt. Es finden sich Zugriffsmakros auf Dateien, Verarbeitungsmakros, Makros zur Datenbehandlung und als Fehlerroutinen. Einige Anbieter setzen ihre interaktive Abfragesprache aus Makros zusammen, die bei der Dialogverarbeitung als Befehle verwendet, oder aber, im Menü eingebunden, von dort aus aufgerufen werden können.

Bei der Datenhaltung gibt es Makros als Implementierungshilfsmittel für Datenbanken, als Datenbankdefinitionsmakros und als TP-Monitore[1].

Für Makros gelten - da sie überwiegend als Bausteine oder Module eingesetzt werden - die gleichen qualitativen Unter-

---

[1] Ein TP-Monitor ist ein Steuerprogramm für Datenfernverarbeitung. Es regelt und überwacht zusammen mit dem Betriebssystem alle Prozesse in Leitungen und Datenendstationen, so daß sich der Benutzer auf sein unmittelbares Arbeitsprogramm konzentrieren kann (vgl. SCHULZE 1986, S. 367).

schiede und damit Unterscheidungsmerkmale wie beim Anpassungshilfsmittel Modularisierung (vgl. Abschnitt 3.1.3).

3.1.7 Endbenutzersprache

Endbenutzersprachen, auch als Sprachen der 4. Generation bezeichnet (vgl. WAGNER u.a. 1987, S. 39 f.; KNOLMAYER, DISTERER 1987, S. 41), zeichnen sich gegenüber den problemorientierten Sprachen wie z.B. COBOL, ALGOL, FORTRAN durch folgende Eigenschaften aus:

- noch weitergehende Problemorientierung,
- stärkere Benutzerorientierung mit einhergehender leichterer Handhabung der Sprache.

Die Sprachbefehle selbst sind parametrisierte Aufrufe für komplexe Funktionseinheiten.

Im Bereich der PPS-spezifischen Verarbeitungssoftware werden Endbenutzersprachen sowohl zur Programmerstellung als auch zur Programmablaufsteuerung, z.B. als Sprachbefehle zum Ändern von Steuerprogrammen, eingesetzt.

Ferner finden Endbenutzersprachen in Form von Datenbankabfragesprachen bzw. Query Languages Verwendung. Mit Hilfe dieser Sprachen können online-Anfragen und leichte Updates, ad-hoc-Anfragen, Änderungen in der Datenbank sowie die Erstellung von Listen, gegebenenfalls auch mit Selektionen und Sortierungen, vorgenommen werden.

Endbenutzersprachen finden sich ebenfalls zur Steuerung des Systems und seiner Eigenschaften vom Endbenutzer aus. So werden beispielsweise in einigen Standardsoftwareprodukten Funktionscodes, Funktionsnummern, Tastenbelegungen, und weitere Kommandos über eine Endbenutzersprache modifiziert.

Eine weitere Einsatzform von Endbenutzersprachen besteht darin, daß dem Benutzer in einer Endbenutzersprache geschriebene Makros aus einer Programmbibliothek zur Verfügung gestellt werden, die er leicht ändern kann.

Im Bereich der Datenhaltung finden Endbenutzersprachen ebenfalls Verwendung, beispielsweise in Form von Datenbankverwaltungssprachen oder als Datendefinitionssprachen (data definition language).

Tabelle 1 beinhaltet einige Beispiele für Datenbankabfragesprachen bzw. Query Languages.

Query Language	Anbieter
IQS	Honeywell Bull
ERGO	Unisys, früher Burroughs
Image /3ooo	Hewlett Packard
IBM Query	IBM
Kiquest	Mannesmann-Kienzle
ABAP IV	SAP
SEVAG	Siemens, Nürnberg
QLP in Makros	Unisys, früher Sperry

Tab. 1: Beispiele für Datenbankabfragesprachen bzw. Query Languages.

3.1.8 Die Erzeugung der anwenderindividuell spezifizierten PPS-Standardsoftware

Bei der Erzeugung der anwenderindividuell spezifizierten PPS-Standardsoftware können die in Abbildung 5 dargestellten Varianten unterschieden werden.

Die Art der Programmerzeugungsform hat erhebliche Auswirkungen auf den Aufwand bei nachträglichen Änderungen oder Ergänzungen.

Bei konfigurierter Software muß bei jeder Änderung oder Ergänzung das gesamte Programm, gegebenenfalls auch nur das betroffene Modul, compiliert (übersetzt) und gelinkt (gebunden) werden. Ist der Anwender nur im Besitz des Objektcodes, so muß das neue Modul lediglich gelinkt werden. In diesem Fall ist der Anwender jedoch insofern eingeschränkt, als Modifikationen und Ergänzungen ausschließlich über definierte User

Exits möglich sind. Werden die Module in ein Rahmenprogramm eingebunden oder das Rahmenprogramm mit Hilfe eines Generators erzeugt, so muß das Programm bei Programmergänzungen häufig neu generiert bzw. ein anderes Rahmenprogramm verwendet werden. Als Folge davon müssen sämtliche vorher durchgeführten Modifikationen und Ergänzungen wiederholt werden.

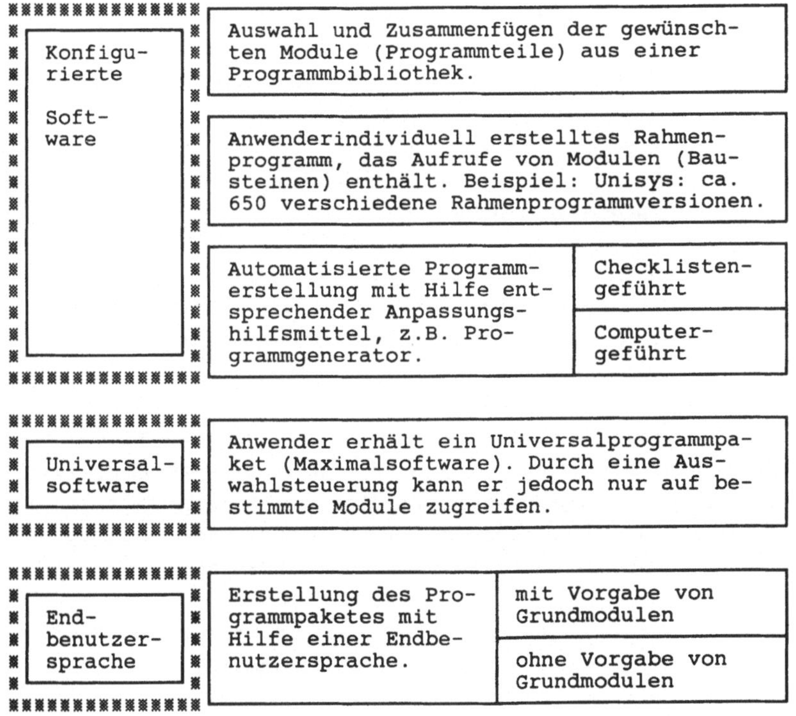

Abb. 5: Erzeugungsformen der anwenderindividuell spezifizierten PPS-Standardsoftware.

Besonders einfach hingegen ist die schrittweise Implementierung bzw. Ergänzung bei Software, die als Universalsoftware mit Auswahlsteuerung vorliegt. Das Zuschalten weiterer Funktionen bzw. Module erfolgt hier durch Änderung von Parametern in Parameterdateien. Diese Universalsoftware wird aus Gründen des Anbieterschutzes in der Regel nur als Objektcode an den Anwender ausgeliefert. Deshalb sind auch hier benutzerspezifische Änderungen oder Ergänzungen, die nicht vorgedacht sind und über Parameter verwirklicht werden können, nur über User Exits möglich.

Den größten Freiheitsgrad bei der Programmerstellung bietet der Einsatz einer Endbenutzersprache. Die Endbenutzersprache ermöglicht die genaueste Abbildung der Aufgabenstellung. Dazu sind jedoch gute Kenntnisse sowohl über die Endbenutzersprache als auch über die Problemstellung unabdingbare Voraussetzung.

3.1.9 Zusammenfassung

In den Abschnitten 3.1.1 bis 3.1.7 wurden die verschiedenen vorgefundenen Anpassungshilfsmittel beschrieben. In Abschnitt 3.1.8 wurden die verschiedenen Erstellungsformen des anwenderindividuellen PPS-Standardssoftwareprogrammes vorgestellt.

Aus dem Sachverhalt, daß Anpaßbarkeit durch den Einbau von Anpassungshilfsmitteln in die Software verwirklicht wird, ergibt sich der naheliegende Ansatz, die Anpaßbarkeit in einem Auswahlverfahren durch die Beschreibung und Bewertung der verwendeten Anpassungshilfsmittel zu berücksichtigen.

Dieser Ansatz kann jedoch nur teilweise weiterverfolgt werden und zwar für diejenigen Anpassungshilfsmittel, die den Charakter von Softwarewerkzeugen aufweisen und die in der Regel funktionsungebunden zum Einsatz gelangen, sozusagen als Serviceprogramm quer über die Software. Diese sind List-, Selektions-, Sortier- und Maskengeneratoren. Die Endbenutzersprache kann dazu gezählt werden, sobald sie als Softwarewerkzeug, z.B. für individuelle Auswertungen der durch PPS-spezifische Programme erzeugten Daten eingesetzt wird. Bei diesen Anpassungshilfsmitteln erscheint eine Beschreibung und Bewertung ihrer Eigenschaften im Auswahlverfahren möglich.

Bei den übrigen Anpassungshilfsmitteln, also Parametrisierung, Tabellensteuerung, Modularisierung, Programmgenerator, User Exit, Makro und Endbenutzersprache in ihrer Eigenschaft als Programmiersprache für das gesamte PPS-Standardsoftwareprodukt, kann dieser Ansatz keinen Erfolg versprechen. Dies hat mehrere Gründe, die sich aus der vorausgegangen Beschreibung der Anpassungshilfsmittel ergeben.

- Es liegen bei einigen dieser Anpassungshilfsmittel begriffliche Überschneidungen oder gar Synonymverwendungen vor, sogar bei ein und demselben Anbieter, so daß eine Verständigung zwischen Auswählenden und Anbietern hierüber erschwert wird (vgl. Abbildung 6).
- Es werden in PPS-Standardsoftwareprodukten nicht nur einzelne Anpassungshilfsmittel verwendet, sondern sie werden in vielen verschiedenen Kombinationen eingesetzt, die alle zu beschreiben und zu bewerten aufwendig ist (vgl. Abbildung 6).
- Es finden sich verschiedene Anpassungshilfsmittel und -kombinationen in einem einzigen PPS-Standardsoftwareprodukt, so daß neben der Beschreibung auch die Quantifizierung der Anteile der einzelnen Anpassungshilfsmittel und -kombinationen vorzunehmen ist.
- Als weiterer Einflußfaktor muß berücksichtigt werden, ob auch gerade die Stellen des Softwareproduktes, an denen Anpassungsfähigkeit erforderlich ist, mit Anpassungshilfsmitteln oder -kombinationen versehen sind. Damit würde dieser Lösungsweg noch komplexer und aufwendiger.

Diese Gründe können folgendermaßen zusammengefaßt werden: Der Lösungsweg führt zu offensichtlich großem Aufwand bei letztlich fragwürdiger Effizienz[1], weil letztlich der Einsatz verschiedener Anpassungshilfsmittel und -kombinationen zum selben Ergebnis, nämlich der Anpaßbarkeit an einer bestimmten Stelle im Softwareprodukt führen. Aufgrund der Vielzahl der

---

[1]Unter Effizienz wird eine möglichst hohe Zielerreichung bei vorgegebenem Aufwand bzw. ein möglichst geringer Aufwand bei vorgegebener Zielerreichung verstanden (vgl. auch STRACK 1987, S. 6; s. Abschnitt 4.3).

Wege, zu einem Ziel zu gelangen, erscheint es nicht sinnvoll, die unterschiedlichen Wege zu beurteilen.

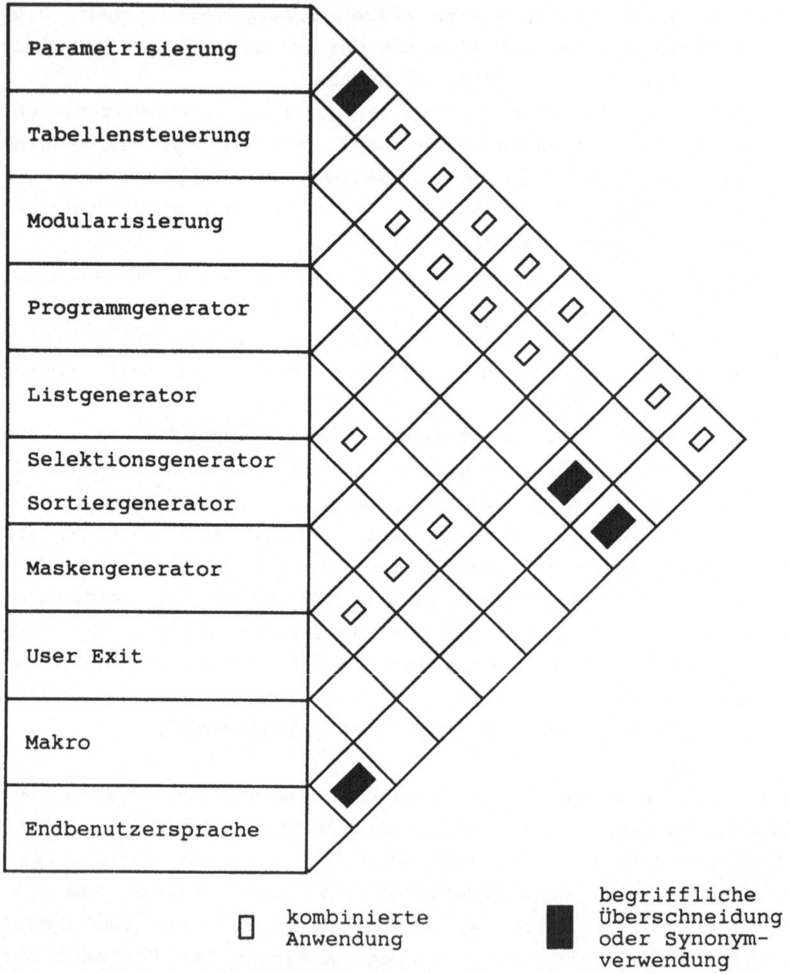

Abb. 6: Begriffliche Überschneidungen und verwendete Kombinationen von Anpassungshilfsmitteln.

3.2 Bisherige Ansätze zur Berücksichtigung der Softwareanpaßbarkeit bei der Auswahl von Standardsoftware

Nach der Auswertung der Umfrage bei Anbietern von PPS-Standardsoftwareprodukten im vorausgehenden Abschnitt werden in diesem und im folgenden Abschnitt Ergebnisse einer Literaturuntersuchung beschrieben. Während im nächsten Abschnitt 3.3 über von anderen Verfassern verwendete Methoden bei der Auswahl von EDV-Systemen referiert wird, sollen in diesem Abschnitt 3.2 Ansätze zur Berücksichtigung der Softwareanpaßbarkeit bei der Auswahl von Standardsoftware besprochen werden. Dabei wird die Fragestellung bewußt von der PPS-Standardsoftware auf Standardsoftware generell ausgeweitet, um möglicherweise vorhandene Ansätze zur Berücksichtigung der Softwareanpaßbarkeit mit einbeziehen zu können, bei denen Standardsoftware für andere Einsatzbereiche als die PPS betrachtet wurden.

Die untersuchten Arbeiten lassen sich im Hinblick auf die aufgeworfene Fragestellung in drei Gruppen unterteilen (s. Tabelle 2). Die beiden ersten Gruppen enthalten Arbeiten, in denen Anforderungen und Kriterien hinsichtlich der Softwareanpaßbarkeit formuliert werden. In den Arbeiten der ersten Gruppe sind die Anforderungen recht allgemein gehalten, in den Arbeiten der zweiten Gruppe sind sie konkreter spezifiziert, teilweise operabel. Die dritte Gruppe der Arbeiten geht auf die verschiedenen Erzeugungsformen anwenderspezifischer Standardsoftwareversionen und deren Konsequenzen hinsichtlich der Softwareanpaßbarkeit ein (vgl. Abschnitt 3.1.8).

Im folgenden werden die Inhalte der untersuchten Arbeiten dargestellt.

KURTH (1972, S. 509 - 517) berücksichtigt in seinem Auswahlverfahren für NC-Programmiersysteme das Kriterium "Ausbaufähigkeit". Hierunter faßt er die Frage, in welchem Maß das zu bewertende System zur Anpassung an wachsende Anforderungen ausbaufähig ist (s. KURTH 1972, S. 516). Auf die von KURTH eingesetzte Auswahlmethode wird in Abschnitt 3.3 eingegangen.

Der VDMA (1973) stellt im Rahmen seiner "Kriterien für die Auswahl und Beurteilung von Anwendungssoftware" (= Standardsoftware, Anm. d. Verf.) das Kriterium "Änderungsfreundlichkeit" vor. Dahinter verbirgt sich die Frage, ob "... das Softwareprodukt so flexibel konzipiert ..." ist, "... daß zu erwartende Erweiterungen und Veränderungen problemlos vom Anwender eingebaut werden können" (VDMA 1973, S. 25).

Die Checkliste von SPILLMANN (1973, S. 388 - 392) beinhaltet zwei für die zu behandelnde Problemstellung relevante Fragen:

- "welche benutzerindividuelle Anpassung (Objekt- oder Quellprogrammspezialisierung) ist ..." in den Standardsoftwareprogrammen "... vorgesehen?" und
- "welche Möglichkeiten der Programmanpassung bestehen bezüglich Wahl von Satzlängen, Länge und Reihenfolge der Felder, Blockierung der Sätze usw.?" (SPILLMANN 1973, S. 391).

Im Rahmen der Beurteilung der Softwarequalität eines EDV-Systemes betrachtet TIETZE (1973, S. 39) die Frage nach der Ausbaufähigkeit bzw. Verknüpfungsmöglichkeiten zu anderen Sachgebieten sowie die Frage, in welchem Umfang und in welcher Weise Änderungen und Ergänzungen des standardisierten Ablaufes möglich sind.

In seinem Aufsatz über Qualitätsmerkmale von Standardsoftware spricht ZIMMERMANN (1978, S. 302) unter anderem auch von Flexibilität, unter der er Änderbarkeit, Wartbarkeit und Implementierungsfreundlichkeit versteht. Ein flexibles Programm soll auch ohne Mitwirkung des Softwareerstellers einfach, mit geringem Aufwand und ohne Beeinträchtigung seiner Qualität modifizierbar sein. Der Autor beklagt den Umstand, daß bei der Bewertung von Software auch die Flexibilität "... nicht oder nur nebenbei diskutiert ..." wird (s. ZIMMERMANN 1978, S. 421).

(Nr.) lfd. Nr.	A u s s a g e a r t Betrachtungsobjekt	Verfasser
(I.)	Allgemein gehaltene Anforderungen hinsichtlich der Softwareanpaßbarkeit in Form von groben Kriterien und Checklisten:	
1	NC-Programmiersystem	KURTH 1972
2	Standardsoftware	VDMA 1973
3	Standardsoftware	SPILLMANN 1973
4	EDV-Systeme	TIETZE 1973
5	Standardsoftware	ZIMMERMANN 1978
6	Standardsoftware	STEINKE 1979
7	PPS-Standardsysteme 1)	SPEITH u.a. 1981
8	PPS-Standardsoftware	KITTEL 1982
9	Standardsoftware zur Kostenrechnung	GERBERICH 1983
10	Standardsoftware	NUSSBAUM 1983
11	Standardsoftware	N.N. 1984
12	Standardsoftware zur Arbeitsplanung	BECKENDORFF u.a. 1986
13	PPS-Standardsoftware	GEITNER 1986
14	CAD-Systeme	KUBA 1986
(II.)	Ansätze zur Berücksichtigung der Softwareanpaßbarkeit mit Hilfe von teilweise detaillierten Merkmalen:	
1	Datenbanksoftware	NIESING 1976
2	Standardsysteme zur Grobplanung	PITRA 1982
3	PPS-Standardsysteme	BRIEF u.a. 1983
4	PPS-Standardsysteme	BRIEF 1984
5	Datenbanksysteme	ELLENRIEDER 1986
6	PPS-Standardsoftware	FÖRSTER u.a. 1987
7	PPS-Standardsoftware	GRUPP 1987
(III.)	Beschreibung der Softwareerscheinungsformen und der Konsequenzen hinsichtlich der Softwareanpaßbarkeit:	
1	Standardsoftware zur Kosten- und Leistungsrechnung	HORVATH, PETSCH 1981
2	Standardsoftware	ZIMMERMANN 1983

1) Unter einem PPS-Standardsystem versteht man ein PPS-Standardsoftwareprodukt mit zugeordneter Hard- und Systemsoftware (vgl. SCHEER 1983, S. 138 f. sowie PÄHLIG, EDINGER 1983, S. 183).

Tab. 2: Im Hinblick auf die Berücksichtigung der Softwareanpaßbarkeit untersuchte Arbeiten.

STEINKE (1979, S. 155 ff.) stellt einen Kriterienkatalog vor, der im Rahmen der Beurteilung des "Leistungsprofiles der Standardsoftware" die Checklistenpunkte

- **Erweiterungs- und Ausbaumöglichkeit,**
- **Zusatzbausteine- und Zusatzmodule,**
- **Anpassungsfähigkeit sowie**
- **modularer Aufbau**

enthält. Im Hinblick auf die "organisatorisch-systemtechnische Softwarequalität" nennt er die Checklistenpunkte

- Erweiterungsmöglichkeiten und Ausbaufähigkeit,
- Änderungsfreundlichkeit,
- Anpassungsaufwand / Anpassungsumfang,
- Kosten der Nachprogrammierung (STEINKE 1979, S.119).

SPEITH u.a. (1981, S. 121) listen in ihrer PPS-System-Marktübersicht Listen-, Masken-, Sortier- sowie Auswahlgenerator auf. Ferner werden für jedes System die "freien Auswertemöglichkeiten der gespeicherten Daten" als Ja- / Nein-Information dargestellt.

Nach KITTEL (1982, S. 58) muß eine PPS-Standardsoftware der Forderung nach Flexibilität insoweit genügen, als sie

- den jeweiligen betrieblichen Anforderungen (bei verschiedenen Anwendern) angepaßt werden können muß (z.B. durch modularen Aufbau des Programmsystems) und
- der durch Veränderungen der betrieblichen Randbedingungen verursachten Verlagerung des Schwergewichts bei den Unternehmenszielen folgen können muß.

GERBERICH (1983, S. 190) fordert in seiner Arbeit zur Kostenrechnungsstandardsoftware Anpassungsfähigkeit hinsichtlich

- Gestalt des Kontenrahmens, des Kostenstellenplans und des Nummernsystem,
- Datenzugriff aus bestehenden Datenbanken anderer Systeme,
- Datenzugriff aus noch zu entwicklenden Datenbanken anderer Systeme.

NUSSBAUM (1983, S. 52) führt in seiner Arbeit unter anderem das Beurteilungskriterium "Modularität und Flexibilität" auf. "Nur stark strukturierte und untergliederte Systeme gewährleisten allfällige notwendige Erweiterungen und Anpassungen an Schnittstellen zu vertretbaren Kosten."

Modularstruktur und Flexibilität (= leichte Anpaßbarkeit) sind auch Gegenstand anderer Literaturstellen. Sie sind nach N.N. (1984) im Rahmen des Systemkonzeptes bei der Softwarequalitätsbeurteilung zu berücksichtigen. Desweiteren soll im Rahmen der Anpassungsfähigkeit an die Umgebung geprüft werden, ob "... das Programm bei Veränderungen flexibel angepaßt werden ..." kann und ob "... Erweiterungen und Veränderungen problemlos einbaubar ..." sind (N.N. 1984, S. 38).

BECKENDORFF u.a. (1986, S. 43) fordern auch für die EDV-Unterstützung der Arbeitsplanung eine Software, die "... flexibel genug ist, betriebliche Bedürfnisse und Änderungen zu berücksichtigen". Desweiteren muß "... für betriebsspezifische Verfahren ... die Möglichkeit vorgesehen sein, über die Schnittstelle spezielle Programme anzubinden."

"Jedes PPS-System sollte die Anpassung an die spezifischen Firmenverhältnisse durch Programme unterstützen. Im Idealfall durch ein Generatorkonzept" postuliert GEITNER (1986, S. 268).

KUBA (1986, S. 287) verwendet in seiner Checkliste zur fachlichen Bewertung von CAD-Systemen kommentarlos die Kriterien Flexibilität und Erweiterbarkeit. Es werden jedoch keine Angaben gemacht, wie Systeme hinsichtlich dieser Kriterien beurteilt werden können.

Allen diesen Arbeiten der Gruppe I. (s. Tabelle 2) ist gemeinsam, daß sie hinsichtlich der Softwareanpaßbarkeit recht allgemein gehaltene Anforderungen enthalten, die in der Regel wenig detailliert formuliert sind. Für eine brauchbare oder gar operable Beschreibung der angesprochenen Inhalte müßten sie in erheblichem Umfange detailliert und spezifiziert werden, sofern dies überhaupt möglich ist.

Die der zweiten Gruppe zugeordneten Arbeiten (s. Tabelle 2) enthalten konkretere Ansätze zur Berücksichtigung der Softwareanpaßbarkeit und zwar mit Hilfe von teilweise detaillierten Merkmalen.

NIESING (1976, S. 16) beschäftigt sich mit Datenbankstandardsoftware. Sein Zielsystem enthält das Kriterium Ausbaufähigkeit / Flexibilität, im Rahmen dessen

- Möglichkeiten zur Aufnahme zusätzlicher Informationsbeziehungen,
- Ermöglichung zusätzlicher Auswertungen,
- Dateiverknüpfungen und
- Feldwiederholungsmöglichkeiten

betrachtet werden.

Im Auswahlverfahren für EDV-gestützte Grobplanungssysteme stellt PITRA (1982, S. 91) folgende Merkmale im Zusammenhang mit der Softwareanpaßbarkeit auf:

- Möglichkeit zur Programmanpassung (Umprogrammierung, Generatortechnik, Benutzerexits, Benutzermakros),
- Anschlußmöglichkeit an weitere Standardsoftware (Feinplanung, Material-, Bestellwesen, Kalkulation, Datenbank, Kundendatenverwaltung).

BRIEF u.a. (1983, S. 67 - 75; vgl. auch BRIEF 1984) stellen in Erweiterung der von SPEITH u.a. (1981) genannten Kriterien unter dem Oberbegriff Flexibilität folgende Merkmale auf:

- Programmiersprache,
- Auslieferungsform (Objektcode, Quellcode),
- Software-Kompatibilität (Übernahme der Software auf eine erweiterte Hardwareanlage der gleichen Systemfamilie),
- Portabilität (Übernahme der Software auf andere Hardwareanlagen),
- Textgenerator (Anpassung von Druck- und Maskentexten) für Anbieter / Anwender,

- Maskengenerator für Anbieter / Anwender,
- Dateigenerator (Definition von Feldgrößen und Satzlängen) für Anbieter / Anwender sowie
- Programmgenerator für Anbieter / Anwender.

Nach ELLENRIEDER (1986, S. 40) ist die "Anpaßbarkeit / Flexibilität" ein wichtiger Anspruch an Datenbanksoftware. "Die häufigsten Änderungen sind
- Ergänzungen neuer Felder in bestehende Informationseinheiten,
- Erweitern von Feldern,
- Einrichten neuer Beziehungen zwischen den Daten,
- Schaffen neuer Auswertungsmöglichkeiten, z.B. Tabellen, Statistiken oder Graphiken".

FÖRSTER u.a. (1987) greifen die von BRIEF u.a. (1983; vgl. auch BRIEF 1984) vorgeschlagenen Merkmale zur Flexibilität in ihrer PPS-Marktübersicht auf.

Die von GRUPP (1987, S. 62 - 65) unter dem Begriff Softwareanpaßbarkeit subsummierbaren Forderungen an PPS-Standardsoftware sind
- Reportgenerator für Auswertungen,
- Maskengenerator zur Bildschirmanpassung an die Benutzerwünsche,
- Möglichkeit zur tabellengesteuerten Programmanpassung,
- modularer Programmaufbau mit klaren Schnittstellen und
- flexible und gestufte Zugriffsberechtigung bis auf die Feldebene.

Die beschriebenen Arbeiten dieser Gruppe II. (s. Tabelle 2) beinhalten zum Teil recht konkrete Merkmale zur Beschreibung von Teilaspekten der Softwareanpaßbarkeit. Auf diese kann teilweise für die hier vorliegende Aufgabenstellung aufgesetzt werden. Sie bedürfen jedoch der Vervollständigung, einer weitergehenden Konkretisierung und Verfeinerung.

Die dritte Gruppe der hier untersuchten Arbeiten (s. Tabelle 2) geht auf die verschiedenen Software-Erzeugungsformen und deren Konsequenzen hinsichtlich der Softwareanpaßbarkeit ein.

So stellen HORVATH, PETSCH (1981, S. 516) im Rahmen ihrer Arbeit über Standardsoftware für Kosten- und Leistungsrechnung fest, daß "... zwischen den einzelnen Softwareprodukten ... große Unterschiede hinsichtlich der Systemkonzeption und der funktionellen Flexibilität ..." bestehen. Sie grenzen vier Konzeptionen ab:

- parametrisierte Software,
- modulare Systeme,
- programmierbare Systeme und
- Auskunftssysteme.

Die Arbeit von ZIMMERMANN (1983, S. 114 - 119) enthält Anforderungen an Anpassungsmöglichkeiten, differenziert Umfang und Zeitpunkte von Anpassungen, beschreibt verschiedene Anpassungsmethoden und schließt mit der Vorstellung von Designgrundsätzen für anpaßbare Standardsoftware.

Die Arbeiten dieser Gruppe III. geben zwar Einblicke in Abhängigkeiten der Softwareanpaßbarkeit von verschiedenen Software-Erzeugungsformen, eignen sich aber nicht für einen Lösungsbeitrag zur Frage der Berücksichtigung der Softwareanpaßbarkeit in einem zu entwickelnden Auswahlverfahren.

3.3 Bei der EDV-Systemauswahl verwendete Methoden

Nachdem im vergangenen Abschnitt Arbeiten besprochen wurden, die Ansätze zur Berücksichtigung der Softwareanpaßbarkeit bei der Softwareauswahl enthalten, sollen in diesem Abschnitt Ergebnisse der Literaturuntersuchung im Hinblick auf die der EDV-Systemauswahl zugrundegelegten Methoden vorgestellt werden (s. Tabelle 3).

Bei dieser Fragestellung wurde das Objekt der Auswahl bewußt von der Software auf EDV-Systeme, d.h. Software und Hardware, ausgedehnt, da viele angewandte Auswahlverfahren sowohl die Software als auch die Hardware beinhalten.

Ein Großteil der in den analysierten Arbeiten beschriebenen oder empfohlenen Auswahlverfahren basiert auf der Methode der Nutzwertanalyse. Dabei kann bezüglich der Einbeziehung von Kosten in die Nutzwertanalyse weiter differenziert werden. BENDER (1978), KITTEL (1982), BRIEF (1984) und SUN (1986) beziehen in ihre Nutzwertanalysen Kosten nicht ein. Dagegen ist bei KURTH (1972), BULLINGER u.a. (1974), ADAM (1976), PITRA (1982), GERBERICH (1983), DRIEDGER (1986) und BREZSKI u.a. (1987) mit ihrer ersten Vorgehensweise (I. in Tabelle 3) die Bewertung von Kosten Bestandteil der Nutzwertanalyse.

GEITNER (1986, S. 269) schlägt alternativ zur Nutzwertanalyse ohne Kosten die sogenannte Dreiklassenmethode vor. Hierbei werden die Kriterien in unabdingbar (= K.O.-Merkmal), notwendig und nützlich eingeteilt. Systeme, die unabdingbare Kriterien nicht erfüllen, scheiden aus. Bei Systemen, die notwendige Kriterien nicht erfüllen, werden "... Kosten zur Nachbesserung ..." angesetzt. Nützliche Kriterien gehen bei Erfüllung lediglich als Pluspunkte ohne weitere Konsequenzen ein.

NIESING (1976, S. 14 - 18) bildet eine Rangreihe aufgrund der Erfüllung der Kostenziele - dies entspricht einer Kostenvergleichsrechnung - und führt für die Leistungsziele eine Nutzwertanalyse durch. Ist der Favorit bei beiden Verfahren nicht derselbe, faßt er diese beiden Rangreihen wieder über eine Nutzwertanalyse zusammen.

GRABOWSKI u.a. (1980, S. 149 - 162) führen bei ihrer CAD-Systemauswahl eine Nutzwertanalyse unter Einschluß von Kosten durch und wenden parallel eine Rentabilitäts- und Amortisationsrechnung für die CAD-Investition an. Zur Frage der Synthese dieser Bewertungsergebnisse erfolgt jedoch keine Aussage.

lf. Nr.	Verfasser Jahr Betrachtungsobjekt	Nutzwertanalyse ohne Einbeziehung von Kosten	Nutzwertanalyse unter Einbeziehung von Kosten	Quotientenbildung aus Nutzwert und Kosten	Kostenvergleichsrechnung (statische Invest.rech.meth.)	Wirtschaftlichkeitsrechnung, Kosten-Nutzen-Analyse	Benchmarktest	Sonstige
1	KURTH 1972 NC-Programmiersysteme		x					
2	BULLINGER u.a. 1974 Software zur Termin-, Kapazitäts- und Kostenplanung		x					
3	ADAM 1976 Datenbanksysteme		x					
4	NIESING 1976 Datenbanksysteme	x			x			
5	BENDER 1978 EDV-Systeme zur Fertigungsbeleg-erstellung	x						
6	GRABOWSKI u.a. 1980 CAD-Systeme		x				x	1)2)
7	KITTEL 1982 PPS-Standardsysteme	x						
8	PITRA 1982 Standardsysteme zur Grobplanung		x					

1) Rentabilitätsrechnung (statische Investitionsrechnungsmethode)
2) Amortisationsrechnung (statische Investitionsrechnungsmethode)

Tab. 3: Im Hinblick auf bei der EDV-Systemauswahl verwendete Methoden untersuchte Arbeiten (Teil 1 von 3).

lf. Nr.	Verfasser Jahr Betrachtungsobjekt	Nutzwertanalyse ohne Einbeziehung von Kosten	Nutzwertanalyse unter Einbeziehung von Kosten	Quotientenbildung aus Nutzwert und Kosten	Kostenvergleichsrechnung (statische Invest.rech.meth.)	Wirtschaftlichkeitsrechnung, Kosten-Nutzen-Analyse	Benchmarktest	Sonstige
9	SPEITH 1982 PPS-Standardsysteme							1)
10	GERBERICH 1983 Standardsoftware zur Kostenrechnung		x					
11	NUSSBAUM 1983 EDV-Systeme	x			x			
12	ALBIEN 1984 CAD-Systeme	x		x			x	
13	BRIEF 1984 PPS-Standardsysteme	x						
14	GROB 1985 EDV-Systeme zur Auftragsbearbeitung und Buchhaltung	x		x				
15	WILDEMANN u.a. 1985 CAD-Systeme							2)
16	DRIEDGER 1986 CAD-Systeme		x				x	
17	GEITNER 1986 PPS-Standardsysteme	x						3)

1) Profilabgleich über Betriebstypen
2) Cost-Effectiveness-Analyse
3) Dreiklassenmethode

Tab. 3: Im Hinblick auf bei der EDV-Systemauswahl verwendete Methoden untersuchte Arbeiten (Teil 2 von 3).

lf. Nr.	Verfasser Jahr Betrachtungsobjekt	Nutzwertanalyse ohne Einbeziehung von Kosten	Nutzwertanalyse unter Einbeziehung von Kosten	Quotientenbildung aus Nutzwert und Kosten	Kostenvergleichsrechnung (statische Invest.rech.meth.)	Wirtschaftlichkeitsrechnung, Kosten-Nutzen-Analyse	Benchmarktest	Sonstige
18	JASPER 1986 CAD-Systeme	x		x		x		
19	NOLL, FLOTTAU 1986 kommerzielle Standardsoftware	x		x		x		
20	SCHWATLO u.a. 1986 BDE-Systeme	x				x		
21	SUN 1986 CAD-Systeme	x						
22	BREZSKI u.a. 1987							
	Endbenutzer- I.		x					
	sprachen (4GL) II.	x		x				
23	PLAMMER 1987 CAD-Systeme	x						1)

1) Kapitalwertmethode (dynamische Investitionsrechnungsmethode)

Tab. 3: Im Hinblick auf bei der EDV-Systemauswahl verwendete Methoden untersuchte Arbeiten (Teil 3 von 3).

PLAMMER (1987, S. 144 - 146) setzt für die nicht-monetär erfaßbaren Zielerfüllungen eine Nutzwertanalyse ohne Kosten ein und berücksichtigt bei den monetär erfaßbaren Wirkungen Kosten bzw. Einsparungen mit Hilfe der Kapitalwertmethode. Der sich hieraus ergebende Überschuß oder Fehlbetrag der Investition wird in einen Punktwert überführt und dem Nutzwertergebnis hinzugerechnet.

Eine weitere Gruppe von Verfassern setzt bei ihren Auswahlverfahren die Nutzwertanalyse ohne Einbeziehung von Kosten ein, ermittelt separat die Kosten der Alternativen und bildet verschiedene Quotienten aus Nutzwerten und Kosten.

So ermittelt ALBIEN (1984, S. 511) Kosten aufgrund von Kauf, Wartung, Personal und Räumlichkeiten in Zusammenhang mit der jeweiligen CAD-Systemalternative und bildet das Nutzwert-Kosten-Verhältnis. "Damit kann man das CAD-System mit dem besten Kosten-Leistungs-Verhältnis ermitteln."

NUSSBAUM (1983, S. 51 - 58) wendet ebenfalls parallel eine Nutzwertanalyse und eine Kostenvergleichsrechnung an. Allerdings addiert er zu den sonstigen Kosten die durch manuellen Zusatzaufwand verursachten Kosten bei allen Funktionen, die im Vergleich zur besten Alternative nicht EDV-mäßig unterstützt werden. Zur Synthese schlägt er verschiedene Quotientenbildungen aus diesen ermittelten Nutzwerten und Kosten vor. Dabei werden Nichterfüllungen von Funktionen doppelt bewertet, zum einen durch einen weniger hohen Nutzwert, zum anderen durch höhere Kosten.

GROB (1985, S. 150 - 153) wendet ebenfalls die Nutzwertanalyse ohne Kosten an, stellt separat die Kosten auf und bildet den Nutzwert-Kosten-Quotient.

BREZSKI u.a. (1987, S. 34) gehen in ihrem zweiten Ansatz (II. in Tabelle 3) prinzipiell genauso vor, bilden jedoch den Kehrwert des genannten Quotienten, nämlich den Quotienten Kosten zu Nutzwert und nennen in "Cost-Effectiveness-Rate".

Die Ansätze von JASPER (1986, 426 - 429) und NOLL, FLOTTAU (1986, S. 505 - 535) sind mit dem Ansatz von GROB (1985, S. 150 -153) vergleichbar, beide empfehlen jedoch zusätzlich eine Wirtschaftlichkeitsrechnung, d.h. eine Gegenüberstellung von Kosten und Erträgen, die im Laufe des EDV-Systembetriebes auflaufen. Die Vorgehensweise von SCHWATLO u.a. (1986, S. 38 - 47) enthält ebenfalls eine Wirtschaftlichkeitsrechnung, hier Kosten-Nutzen-Analyse genannt, und für die Berücksichtigung der monetär nicht quantifizierbaren Kriterien wieder die Nutzwertanalyse.

WILDEMANN u.a. (1985, S. 660) setzen die "Cost-Effectiveness-Analyse" ein. Hierbei erfolgt die Gegenüberstellung von nutzbringenden und aufwandverursachenden Faktoren in Form von Nutzwerten bzw. Kosten. Durch paarweise Kosten- (K_i, K_j) und Nutzwertvergleiche (N_i, N_j) werden dabei die effizienten Alternativen aus der Alternativenmenge herausselektiert. Die Bedingungen für die Vorzugswürdigkeit einer Alternative A_i gegenüber einer Alternative A_j lauten:

$K_i \leqslant K_j$ und $N_i > N_j$ oder
$K_i < K_j$ und $N_i \geqslant N_j$.

Die effizienten Alternativen können durch die Bildung eines Quotienten aus Kosten und Nutzwerten in eine Rangreihe gebracht werden (s. WILDEMANN u.a. 1985, S. 660).

SPEITH (1982) geht bei seinem Auswahlverfahren für PPS-Standardsysteme ganz anders vor. Er definiert bestimmte Betriebstypen, denen er jeweils ein spezifisches Anforderungsprofil an ein PPS-System zuordnet. Durch einen Profilvergleich zwischen den angebotenen PPS-Standardsystemen und seinen Anforderungsprofilen kann er die PPS-Standardsysteme seinen Betriebstypen zuordnen. Der Anwender des Auswahlverfahrens muß nun lediglich einem bestimmten Betriebstyp zugeordnet werden.

3.4 Zusammenfassende Bewertung des Erkenntnisstandes

Als Ergebnis der Analyse der Anpassungshilfsmittel (Abschnitt 3.1) kann zusammenfassend festgehalten werden, daß eine Berücksichtigung der Softwareanpaßbarkeit bei denjenigen Anpassungshilfsmitteln, die den Charakter von Softwarewerkzeugen aufweisen, über eine Beschreibung und Bewertung ihrer Eigenschaften vorgenommen werden kann (s. Abbildung 7).

Anpassungshilfsmittel	Berücksichtigung der Anpaßbarkeit durch	operabel durch
mit Werkzeugcharakter z.B. - Listgenerator - Selektionsgenerator - Sortiergenerator - Maskengenerator - Endbenutzersprache als Datenbankabfragesprache	Beschreibung und Bewertung ihrer Eigenschaften	Kriterien, Merkmalsausprägungen (Nutzwertbildung)
ohne Werkzeugcharakter z.B. - Parametrisierung - Tabellensteuerung - Modularisierung - Programmgenerator - User Exit - Makro - Endbenutzersprache als Programmiersprache für ein ganzes PPS-Softwareprodukt	erforderlichen Aufwand, um einen bestimmten Funktionsumfang zu erreichen	Kosten [DM]

Abb. 7: Eigener Ansatz zur Berücksichtigung der Softwareanpaßbarkeit.

Die aus der Literatur vorgestellten Ansätze zur Beschreibung und Einbeziehung der Softwareanpaßbarkeit in Auswahlverfahren (Abschnitt 3.2) beinhalten bei den Anpassungshilfsmitteln mit dem Charakter von Softwarewerkzeugen Beschreibungsmerkmale, die teilweise verwendbar sind, jedoch noch einer weiteren Verfeinerung bedürfen, um die Eigenschaften dieser Anpassungshilfsmittel operabel abbilden zu können.

Im Hinblick auf die übrigen Anpassungshilfsmittel finden sich auch in der Literatur nur sehr globale Merkmale wie Modularität, Flexibilität, Ausbaufähigkeit, Änderungsfreundlichkeit, Erweiterbarkeit oder Anpassungsfähigkeit. Diese sind nicht operabel und daher für eine genaue Abbildung unbrauchbar. Einige Autoren sprechen in ihren Vorschlägen von (Anpassungs-) Aufwand, problemloser Durchführung von Erweiterungen und Veränderungen, Anpassungen zu vertretbaren Kosten, Kosten der

Nachprogrammierung. Hieraus wird deutlich, daß die Softwareanpaßbarkeit hauptsächlich auf eine gute Änderbarkeit bei minimalem Anpassungsaufwand abzielt. Die durch Anpassungshilfsmittel ohne Softwarewerkzeugcharakter ermöglichte Softwareanpaßbarkeit könnte also indirekt durch eine Quantifizierung des Aufwandes beschrieben werden, der für Anpassungen erforderlich ist (s. Abbildung 7). Ist beispielsweise das Standardsoftwareprodukt an der betreffenden Stelle bzw. Funktion, wo die Anpassung erforderlich ist, parametrisiert und modular aufgebaut oder besteht dort ein User Exit, kann die Anpassung mit wenig Aufwand realisiert werden. Ist das Standardsoftwareprodukt dagegen ohne Parametrisierung und Modularisierung linear programmiert, wird der Anpassungsaufwand entsprechend höher ausfallen.

Die Analyse bisheriger Auswahlverfahren (Abschnitt 3.3) zeigt deutlich, daß die Methode der Nutzwertanalyse als die am besten geeignete angesehen wird.

Die vielfach praktizierte Einbeziehung von Kosten in die Nutzwertanalyse kann nicht befürwortet werden, da dadurch dem Prinzip der Nutzenunabhängigkeit der Kriterien widersprochen wird[1]. Es ist davon auszugehen, daß eine hohe Zielerreichung hinsichtlich der Funktionalität der Software in der Regel mit schlechterer Zielerreichung in Bezug auf die Kosten korrelieren wird und umgekehrt. Die Kosten müssen separat betrachtet werden, sie dürfen nicht in die Nutzwertanalyse hineingezogen werden.

Da bei dem hier zu entwickelnden Auswahlverfahren die Softwareanpaßbarkeit einbezogen werden soll und dies teilweise durch entsprechende Merkmale, teilweise durch eine Berücksichtigung des in Kosten ausgedrückten Anpassungsaufwandes erfolgen soll, muß eine Methode gewählt werden, die parallel sowohl den Nutzwert als auch die Kosten berücksichtigen kann.

---

[1]Eine ausführliche Erläuterung dieses zu erfüllenden Prinzips erfolgt in Abschnitt 4.2.

4 Grundlagen des Auswahlverfahrens

In Abschnitt 4.1 sollen die Überlegungen zur Festlegung einer geeigneten Methode für das zu entwickelnde Auswahlverfahren dargestellt werden. Grundlegende Voraussetzungen für die Anwendung der gewählten Methode sind Gegenstand von Abschnitt 4.2. Anforderungen an das Auswahlverfahren, das auf Basis der gewählten Methode entwickelt wird, werden in Abschnitt 4.3 hergeleitet. Abschnitt 4.4 beinhaltet die Abgrenzung des Geltungsbereiches des Auswahlverfahrens. Das vorliegende Kapitel schließt mit einer Herleitung des Aufbaus des Auswahlverfahrens (Abschnitt 4.5).

4.1 Festlegung einer geeigneten Methode

Die systematische Festlegung einer geeigneten Methode soll vor dem Hintergrund des vorhergehenden Kapitels anhand der von RINZA, SCHMITZ (1977, S. 7) vorgelegten Systematik vorhandener Bewertungs- und Auswahlmethoden (s. Abbildung 8) vorgenommen werden.

Für Einzelheiten zu den einzelnen in Abbildung 8 erwähnten Methoden sei auf RINZA, SCHMITZ (1977, S. 8 ff.) verwiesen.

Die Erkenntnisse aus Kapitel 3 ergeben, daß die Berücksichtigung der Softwareanpaßbarkeit bei der Auswahl von PPS-Software nicht alleine über eine Beschreibung und Bewertung der Anpassungshilfsmittel anhand von Kriterien erfolgen kann, sondern daß für diejenigen Anpassungshilfsmittel ohne Werkzeugcharakter als Ersatzgröße zur "Messung" der Softwareanpaßbarkeit der Anpassungsaufwand herangezogen werden kann (vgl. Abbildung 7).

Dabei wird davon ausgegangen, daß der Anwender ein spezifisches Anforderungsprofil an die auszuwählende PPS-Standardsoftware hat, das er möglichst weitgehend abgedeckt haben möchte. Inwieweit ein Standardsoftwareprodukt ein gegebenes Anforderungsprofil abdeckt, kann über eine Nutzenbetrachtung berücksichtigt werden. Bei denjenigen Anforderungen, die durch den Leistungsumfang der Standardsoftware nicht abgedeckt werden, wird der Anpassungsaufwand zur Abdeckung dieser Anforderung als Maß für die anwenderindividuelle Softwareanpaßbarkeit herangezogen.

METHODE (Dimension)		NUTZEN		
		nicht berücksichtigt	nicht-monetär	monetär
AUFWAND	nicht berücksichtigt	-	NUTZWERT-ANALYSE (Punkte)	ERLÖS-RECHNUNG (DM)
AUFWAND	nicht-monetär	AUFWANDS-WERT-SCHÄTZUNG (Punkte)	NÜTZLICHKEITS-ANALYSE (Punkte / Punkte)	nicht bekannt
AUFWAND	monetär	KOSTEN-RECHNUNG (DM)	NUTZWERT-KOSTEN-ANALYSE (Punkte / DM)	GEWINNRECHNUNG (INVESTITIONSRECHNUNG (DM oder DM / DM)

Abb. 8: Systematische Darstellung vorhandener Bewertungs- und Auswahlmethoden (nach RINZA, SCHMITZ 1977, S. 7).

Da im Falle der Berücksichtigung von Anpassungskosten logischerweise auch die Anschaffungskosten für die Standardsoftware einbezogen werden sollten, ergeben sich damit für jedes PPS-Standardsoftwareprodukt Gesamtkosten, die sich aus Kosten des Standardsoftwareproduktes (ohne Anpassungen) und Kosten der Anpassungen zusammensetzen. Entscheidend ist für den Anwender letztlich der Abdeckungsgrad der - wenn auch angepaßten - Standardsoftware hinsichtlich seines Anforderungsprofils.

Für die Auswahl einer für das Auswahlverfahren geeigneten Methode kann daraus gefolgert werden, daß weder eine ausschließliche Nutzenbetrachtung, noch eine reine Aufwandsbetrachtung alleine ausreicht. Damit entfallen von den in Abbildung 8 aufgeführten Methoden die Nutzwertanalyse, die Erlösrechnung, die Aufwandswertschätzung und die Kostenrechnung. Übrig bleiben die Gewinn- oder Investitionsrechnung, die Nützlichkeitsanalyse und die Nutzwert-Kosten-Analyse.

Berücksichtigt man, daß der Nutzen einer PPS-Standardsoftware abgesehen von vereinzelt angesetzten Personaleinsparungen, die in Geldeinheiten ausgedrückt werden, überwiegend nichtmonetär ist (wie z.B. Steigerung von Termintreue, Auskunftsbereitschaft, Transparenz), muß die Gewinn- oder Investitionsrechnung ebenfalls eliminiert werden.

Da der zu berücksichtigende Anpassungsaufwand sehr wohl monetär quantifizierbar ist und deshalb nicht durch Punkte ausgedrückt zu werden braucht, entfällt auch die Nützlichkeitsanalyse.

Somit kristallisiert sich für die vorliegende Problemstellung als einzig anwendbare Methode die Nutzwert-Kosten-Analyse heraus. Bei dieser Methode wird der nicht-monetäre Nutzen der zu vergleichenden Objekte dimensionslos in Punkten und der dazu erforderliche monetäre Aufwand in Geldeinheiten ausgedrückt (vgl. Abbildung 8).

Die in Abschnitt 3.4 dargestellten Überlegungen zur Einbeziehung der Softwareanpaßbarkeit in das Auswahlverfahren führen ebenfalls zur Entscheidung für die Nutzwert-Kosten-Analyse als geeignete Methode. Die Berücksichtigung der Anpassungshilfsmittel mit Softwarewerkzeugcharakter über Kriterien und Merkmalsausprägungen erfordert eine Nutzwertanalyse. Die Berücksichtigung der Anpassungshilfsmittel ohne Softwarewerkzeugcharakter über den Aufwand zur Erreichung eines bestimmten Funktionsumfanges verlangt eine Kostenanalyse mit paralleler Nutzwertanalyse (vgl. Abbildung 7).

Das Rahmenschema der Nutzwert-Kosten-Analyse wird aus Abbildung 9 ersichtlich. Parallel zueinander werden eine Nutzwert-

analyse und eine Kostenanalyse durchgeführt. Im Anschluß erfolgt die Gegenüberstellung der Ergebnisse und die Auswahl.

Auf die einzelnen Arbeitsschritte der Nutzwert- und Kostenanalyse und ihre Spezifizierung für das zu entwickelnde Auswahlverfahren wird in Kapitel 5 eingegangen.

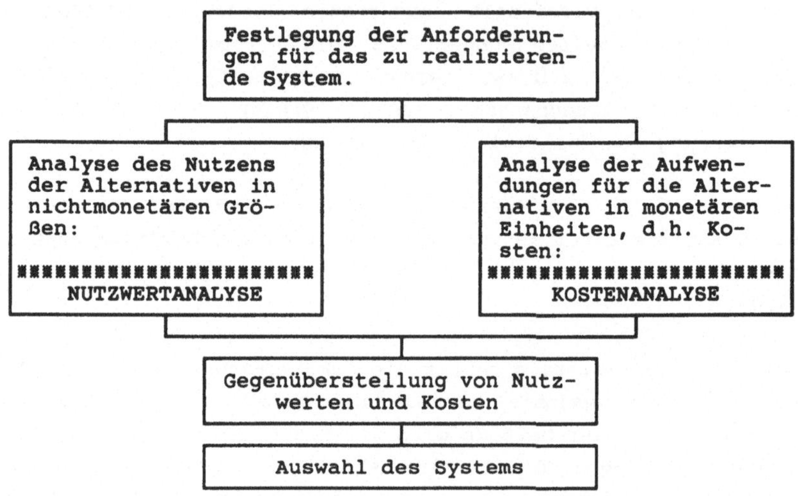

Abb. 9: Rahmenschema für die Nutzwert-Kosten-Analyse (in Anlehnung an RINZA, SCHMITZ 1977, S. 17).

4.2 Annahmen und Lösungsprinzipien

Im folgenden sollen die Voraussetzungen dafür, daß die Nutzwertanalyse in einzelne Arbeitsschritte unterteilt und schrittweise ausgeführt werden darf, genannt und erläutert werden. Ihre Erfüllung im zu entwickelnden Auswahlverfahren muß gewährleistet werden.

1. Annahme

Eine Präferenzordnung, die durch direkte Beurteilung der konkret zur Wahl stehenden Alternativen ermittelt wird, ist grundsätzlich konsistent mit der Präferenzordnung sämtlicher, durch alle denkbaren Kombinationen von Zielerträgen[1] theoretisch erzeugbarer Alternativen (vgl. ZANGEMEISTER 1976, S. 75).

Diese Annahme besagt praktisch, daß der pro Alternative erhaltene Nutzwert unabhängig davon ist, welche und wieviele weitere Alternativen der Nutzwertanalyse unterzogen werden. Es können also jederzeit zusätzliche Alternativen einbezogen werden, oder andere ausgeschlossen werden (vgl. auch BRIEF 1984, S. 30).

Diese Annahme muß erfüllt sein, damit das 1. Lösungsprinzip Gültigkeit hat. Die Gültigkeit dieses und der folgenden Lösungsprinzipien wiederum ist erforderlich, damit die Nutzwertanalyse in einzelne Schritte aufgeteilt durchgeführt werden kann.

1. Lösungsprinzip

"Die Bewertung der Alternativen erfolgt **direkt** durch vergleichende Beurteilung ihrer Zielerträge ..." (ZANGEMEISTER 1976, S. 69).

Dies bedeutet, daß die Nutzwerte der Alternativen hinsichtlich der einzelnen auswahlrelevanten Aspekte (Ziele) unmittelbar durch die Beurteilung ihrer Zielerträge bestimmt werden.

2. Annahme

"Die der Bewertung zugrundegelegten Zielkriterien ... sind voneinander nutzenunabhängig" (ZANGEMEISTER 1976, S. 77).

---

[1]Unter dem Zielertrag einer Alternative versteht man die Beschreibung einer zielrelevanten Konsequenz der Alternative hinsichtlich eines Zieles des der Beurteilung zugrundeliegenden Zielsystems (vgl. ZANGEMEISTER 1976, S. 60).

Das Ergebnis der Abfolge eindimensionaler Einzelbewertungen ist nur dann mit dem Ergebnis eines multidimensionalen Bewertungsvorganges identisch, wenn die Festlegung eines Zielerfüllungsgrades aufgrund eines Zielertrags nicht von den anderen Zielerträgen der Alternativen abhängig ist. "Für die praktische Nutzwertanalyse genügt es ... , nur eine bedingte Nutzenunabhängigkeit vorauszusetzen" (ZANGEMEISTER 1976, S. 79). Die Forderung nach bedingter Nutzenunabhängigkeit ist dann nicht erfüllt, wenn "... zugehörige (Anm. d. Verf.: zu den betrachteten Kriterien gehörige) Zielerträge über den gesamten Bereich ihrer Ausprägungen jeweils in einem ganz bestimmten Verhältnis zueinander stehen müssen, damit sie vollkommen in den Nutzwert eingehen ... In einem solchen Fall ist es notwendig, die ... nutzenabhängigen Kriterien zu einem übergeordneten Kriterium zusammenzufassen" (ZANGEMEISTER 1976, S. 79). Hinsichtlich der Überprüfung der Gewährleistung dieser Annahme sei auf Abschnitt 5.1.1.4 verwiesen.

Die Erfüllung dieser Annahme ist für die Gültigkeit des folgenden Lösungsprinzips erforderlich.

2. Lösungsprinzip

"Die Bewertung der Alternativen erfolgt durch eine **Folge von Teilbewertungen**, wobei jeder Teilbewertung jeweils nur eine der m[1] Wertdimensionen zugrundegelegt wird" (ZANGEMEISTER 1976, S. 69).

Dies bedeutet, die zu leistende Bewertung einer Alternative erfolgt nicht etwa durch simultane multidimensionale Bewertung aller Zielerträge der Alternative, sondern durch Zerlegung des Bewertungsvorganges in m eindimensionale Teilbewertungen, nämlich eine pro Zielkriterium.

[1]Mit "m" ist die Anzahl der Zielkriterien gemeint.

3. Annahme

"Die Gesamtnutzenfunktion ist eine **lineare, monoton** zunehmende Funktion der Teilnutzen" (ZANGEMEISTER 1976, S. 85).

Dies bedeutet konkret, daß der Nutzwert einer Alternative immer dann wächst, wenn ein Teilnutzwert (= Nutzwert bezüglich eines Zielkriteriums) wächst.

Die Verwirklichung dieser Annahme ist für die Einhaltung des 3. Lösungsprinzips erforderlich.

3. Lösungsprinzip

"Die Zielwerte (= Zielerfüllungsgrade, Anm. d. Verf.) ... einer Alternative ... werden mit Hilfe einer im Einzelfall vorzugebenen Entscheidungsregel nach Maßgabe der den Zielkriterien ... subjektiv beigemessenen Bedeutungen g_j zum Nutzwert ... zusammengefaßt. Dabei seien die Zielwertgewichte g_j **konstante** Faktoren, die unabhängig sind von der Höhe der Zielwerte ... bzw. der Zielerträge ..." (ZANGEMEISTER 1976, S. 70).

Dieses Lösungsprinzip beinhaltet die Wertsynthese der m eindimensionalen Teilbewertungen sowie die Form der Berücksichtigung der unterschiedlichen Bedeutung der m Zielerträge für die Wertsynthese.

Die Einhaltung dieser drei Annahmen, die durch die Aufstellung der drei Lösungsprinzipien bedingt sind, ist notwendige Voraussetzung für die Konzeption und Anwendung des zu entwickelnden Verfahrens.

4.3 Anforderungen an das Auswahlverfahren

Aus der Zielsetzung dieser Arbeit lassen sich die in Abbildung 10 zusammengestellten Anforderungen an das zu entwickelnde Auswahlverfahren ableiten (vgl. SCHOMBURG 1980, S.

24 ff.; PITRA 1982, S. 48 ff.; BRIEF 1984, S. 34 ff.; WEINGÄRTNER 1987, S. 23 ff.).

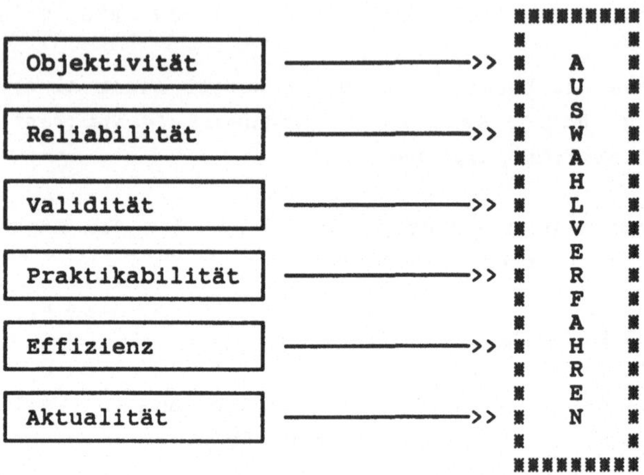

Abb. 10: Anforderungen an das zu entwickelnde Auswahlverfahren.

Die Begriffe Objektivität, Reliabilität und Validität stammen aus der psychometrischen Testtheorie. LIENERT (1969, S. 12) beispielsweise bezeichnet sie als Hauptgütekriterien eines guten Tests.

Objektivität

Die Objektivität des Auswahlverfahrens bezüglich seiner Datenbasis und seiner Zielkriterien beeinflußt ganz wesentlich die Aussagegüte seiner Ergebnisse.

"Unter Objektivität eines Testes verstehen wir den Grad, in dem die Ergebnisse eines Testes unabhängig vom Untersucher sind" (LIENERT 1969, S. 13). Das Verfahren ist objektiv, wenn die erfaßten Daten und deren Auswertung durch die Untersuchungsperson weder beeinflußt noch verzerrt werden (vgl. BRESSER 1985, S. 69). Die zu gewährleistende Objektivität erstreckt sich also auf

- die Datenbasis,
- die zugrundegelegten Zielkriterien und
- die Ermittlung der Nutzwerte.

Um der Forderung nach objektiver Erfassung der Leistungsfähigkeit und der Preise der PPS-Standardsoftwareprodukte nachzukommen, wurden alle **Datenerhebungen** zu den PPS-Standardsoftwareprodukten schriftlich mit Hilfe von Fragebögen durchgeführt. Diese waren
- der Katalog zur Erfassung von Standardsystemen der PPS (Fassung 1988, Weiterentwicklung des BRIEFschen Kataloges, vgl. BRIEF 1984, S. 134 ff.),
- der Zusatzfragebogen zur Erfassung von PPS-Standardsoftware, der im wesentlichen wegen der Einbeziehung der Softwareanpaßbarkeit entwickelt wurde, und
- der Preisfragebogen.

Die Fragebögen sind so aufgebaut, daß die Daten in wertfreier Form abgefragt und somit vollkommen objektiv erfaßt werden (vgl. Auszug aus dem Anforderungskatalog, Anhang 1; der vollständige Anforderungskatalog ist bei MIESSEN 1989 dargestellt).

Um die Grundlage der Bewertung der PPS-Standardsoftwareprodukte möglichst objektiv zu machen, wurde das **Zielsystem** (s. Abschnitt 5.1.1.3) einschließlich seiner Merkmale und Ausprägungen mit Experten aus Forschung und Praxis intensiv erörtert und gegebenenfalls abgeändert.

Die Objektivität der Auswertung des Datenmaterials wird durch die rechentechnische Durchführung des Auswahlverfahrens gewährleistet (vgl. Abschnitt 6.3).

Reliabilität

Die Reliabilität ist der Grad der Genauigkeit, mit der unter gleichen Bedingungen gewonnene Meßwerte über ein und dasselbe Objekt übereinstimmen, in welchem Maße also die Meßergebnisse reproduzierbar sind (vgl. LIENERT 1969, S. 14 f.). Die Frage nach der Reliabilität des Auswahlverfahrens kann gleichgesetzt werden mit der Frage, ob das Auswahlverfahren die gleichen Ergebnisse liefert, wenn es unter identischen Bedingungen wiederholt wird (vgl. BRESSER 1985, S. 69).

Nach FRIELING (1974, S. 84) müssen bei dem zu entwickelnden Auswahlverfahren sowohl die Merkmalsreliabilität als auch die Beurteilerreliabilität berücksichtigt werden.

Zur Realisierung einer ausreichenden **Merkmalsreliabilität** muß sichergestellt werden, daß ein Objekt bezüglich eines Merkmals von mehreren Beurteilern gleichzeitig oder vom gleichen Beurteiler zu unterschiedlichen Zeitpunkten gleichen Ausprägungen zugeordnet wird. Ergeben sich in der Untersuchung bei bestimmten Merkmalen zu große Zuordnungsspielräume zwischen Beurteilern, sind die Merkmals- und Ausprägungsbeschreibungen im Sinne einer eindeutigen Einstufbarkeit neu zu formulieren (vgl. FRIELING 1974, S. 122).

Die **Beurteilerreliabilität** beschreibt, in welchem Maße zwei oder mehrere Urteilspersonen mit gleichen Voraussetzungen zu übereinstimmenden Urteilen über einen bestimmten Sachverhalt gelangen (vgl. FRIELING 1974, S. 122).

Auf welche Weise die Anforderung hinsichtlich dieser zwei Arten von Reliabilität erfüllt wird, kann erst nach Darlegung der Entwicklung des Zielsystems und der Zielerträge diskutiert werden. Die abschließende Besprechung der Relibilität erfolgt daher im Abschnitt 5.1.7.

Validität

"Die Validität eines Testes gibt den Grad der Genauigkeit an, mit dem ..." der Test das, was er "... messen soll oder zu messen vorgibt, tatsächlich mißt" (LIENERT 1969, S. 16).

Durch die Gespräche mit Experten aus Forschung und Praxis wird gewährleistet, daß die Merkmale und Ausprägungen genau diejenigen Inhalte beschreiben, die für den Anwender relevant sind. Man spricht in diesem Fall von einer sogenannten inhaltlichen oder logischen Validität (vgl. LIENERT 1969, S. 260 f.; BRIEF 1984, S. 37)

Praktikabilität

Die Praktikabilität des Auswahlverfahrens ist dann gegeben, "... wenn es zweckdienlich, leicht und ohne besondere Vorkenntnisse anwendbar ist" (WEINGÄRTNER 1987, S. 23). Die Praktikabilität soll unter Beweis gestellt werden, in dem das Auswahlverfahren bei einem Maschinenbauunternehmen exemplarisch angewendet wird. Beschreibung und Ergebnisse dieser Erprobung finden sich in Kapitel 7.

Effizienz

Der Begriff "Effizienz" wurde in Abschnitt 3.1 bereits definiert. Im Zusammenhang mit dem zu entwickelnden Auswahlverfahren ist diese Anforderung so zu verstehen, daß der Verfahrenseinsatz im Verhältnis zur Qualität der erzielten Ergebnisse mit vertretbarem Aufwand erfolgt. Um dieser Anforderung gerecht zu werden, wird das Auswahlverfahren in einer EDV-gestützten Version realisiert.

Aktualität

Die Aktualität des Auswahlverfahrens beschreibt seine Bedeutung für die Gegenwart, seine Zeitnähe (BROCKHAUS 1977, S. 129). Um der Forderung nach Aktualität gerecht zu werden, besteht die Möglichkeit, neu auf dem Markt erscheinende PPS-Standardsoftwareprodukte jederzeit in das Auswahlverfahren aufzunehmen. Es wird also unabhängig von konkreten Alternativen aufgebaut.

4.4 Abgrenzung des Geltungsbereiches

In diesem Abschnitt wird der Geltungsbereich des zu schaffenden Auswahlverfahrens abgegrenzt, und zwar unter

- **produktionsbezogenem,**
- **funktionsbezogenem und**
- **produktbezogenem**

Aspekt (s. Abbildung 11).

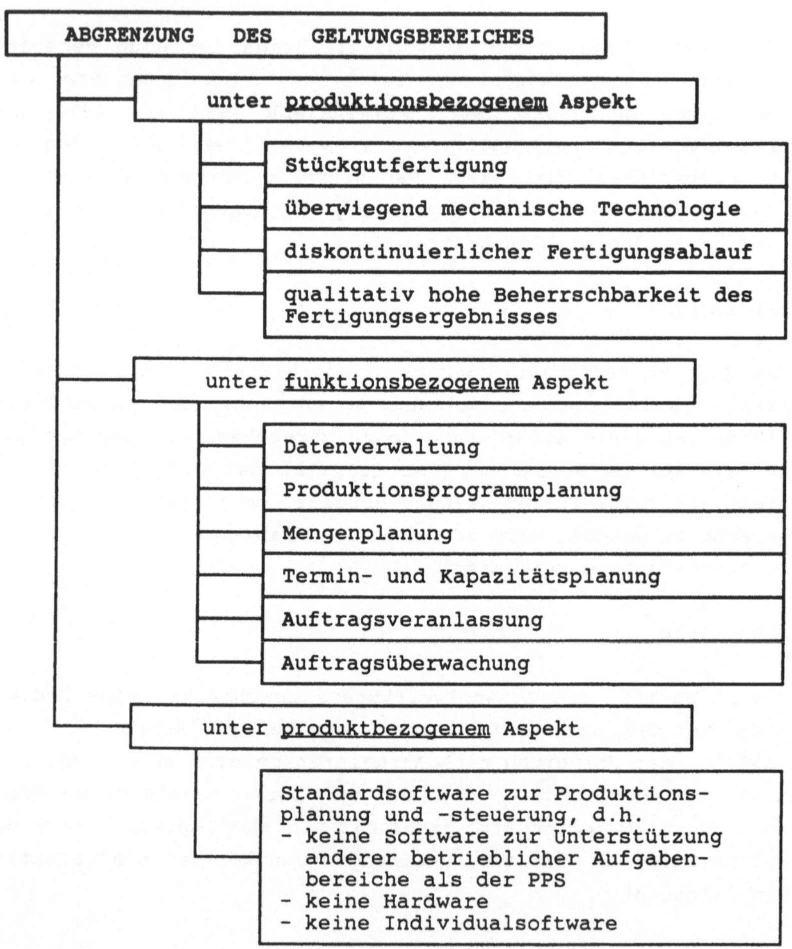

Abb. 11: Geltungsbereich des Auswahlverfahrens.

Die in das Verfahren einzubeziehenden PPS-Standardsoftwareprodukte und demzufolge auch die im Zielsystem aufzustellenden Zielkriterien sind nur für eine bestimmte Klasse von Produktionsprozessen zutreffend. Diese wird beschrieben durch folgende von SCHÄFER (1978, S. 315 f., zitiert bei BRIEF 1984, S. 33) formulierten typologische Merkmale :

- Stückgutfertigung,
- überwiegend mechanische Technologie,
- diskontinuierlicher Fertigungsablauf sowie
- qualitativ hohe Beherrschbarkeit des Fertigungsergebnisses.

Diese typologischen Merkmale besitzen für viele Branchen Gültigkeit, so z.B. im Maschinenbau, in der Elektroindustrie und in der Eisen-, Blech- und Metallindustrie.

Mit dieser produktionsbezogenen Abgrenzung des Geltungsbereiches des Auswahlverfahrens sind beispielsweise Unternehmen mit Fließgüterfertigung oder mit der Fließgüterfertigung vergleichbaren Produktionsprozessen ausgeschlossen.

Die **funktionsbezogene** Abgrenzung des Geltungsbereiches wird in der Weise vorgenommen, daß in das Auswahlverfahren einbezogene PPS-Standardsoftwareprodukte nur bezüglich der in Abschnitt 2.1 dargestellten Hauptfunktionen der PPS bewertet werden, also bezüglich Datenverwaltung, Produktionsprogrammplanung, Mengenplanung, Termin- und Kapazitätsplanung, Auftragsveranlassung und Auftragsüberwachung. Von den PPS-Standardsoftwareprodukten außerhalb dieser genannten Funktionen abgedeckte betriebliche Aufgabenbereiche werden nicht berücksichtigt.

Die **produktbezogene** Abgrenzung des Geltungsbereiches erstreckt sich darauf, daß nur PPS-Standardsoftwareprodukte einbezogen werden. Das bedeutet, daß insbesondere die erforderliche Hardware und ihre Eigenschaften nicht berücksichtigt werden. Eine Ausnahme hierzu bildet die Hardwaregrößenklasse der Rechneranlage (s. Abschnitte 5.1.2 und 6.1), die als Selektionskriterium Eingang findet. Ebenso sind Individualsoftwareprodukte aus dem Geltungsbereich dieses Auswahlverfahrens ausgegrenzt.

Als Erweiterung zu bisherigen Auswahlverfahren wird das hier zu entwickelnde Verfahren eine umfassende Einbeziehung der Softwareanpaßbarkeit ermöglichen.

Ferner umfaßt der Geltungsbereich nur diejenigen PPS-Standardsoftwareprodukte, zu denen die Anbieter Angaben machen

- zur Leistungsfähigkeit ihres Softwareproduktes,
- zu den Preisen der Module, aus denen ihr Softwareprodukt zusammengesetzt werden kann, sowie
- zu den Anpassungen, die erforderlich werden, weil das Standardsoftwareprodukt die Anwenderanforderungen nur teilweise abdeckt.

4.5 Herleitung des Aufbaus des Auswahlverfahrens

Durch Ziele und Merkmale im Zielsystem einer Nutzwert-Kosten-Analyse kann nur der Teil der Softwareanpaßbarkeit einbezogen werden, der mit den Anpassungshilfsmitteln zusammenhängt, die den Charakter von Softwarewerkzeugen aufweisen. Der andere Teil soll durch Hinzunahme konkreter Anpassungskosten für nicht im Standardsoftwareleistungsumfang abgedeckte Anforderungen berücksichtigt werden.

Angaben über Anpassungskosten für konkrete Leistungsausprägungen kann nur der Standardsoftwareanbieter machen, da er die Software, ihre Struktur und die in ihr enthaltenen Anpassungshilfsmittel am besten kennt. Eine Erfassung der Anpassungskosten aller im Standardsoftwareleistungsumfang nicht abgedeckten Ausprägungen bei allen Systemanbietern scheidet aus Gründen der Realisierbarkeit aus. Die Abschätzung von Anpassungskosten für bestimmte Ausprägungen ist für Anbieter mit einem nicht unerheblichen Aufwand verbunden, den diese im Rahmen einer umfassenden Datenerhebung ohne Bezug zu einem konkreten Auswahlproblem kaum zu leisten vermögen.

Daher ist es erforderlich, in einer ersten Stufe des Auswahlverfahrens aus der Fülle des Marktangebotes eine überschaubare Anzahl von Systemen zu selektieren. In einer zweiten Stufe können dann die verbliebenen Anbieter jeweils zu den Anpassungskosten der in diesem speziellen Anwendungsfall im jeweiligen Standardsoftwareleistungsumfang nicht abgedeckten Ausprägungen befragt werden. Der für den Anbieter entstehende Aufwand ist dabei insofern reduziert, als hier nur die Menge der für den auswählenden Anwender relevanten und im Standardsoftwareleistungsumfang nicht abgedeckten Ausprägungen betrachtet wird. Die vom Anwender als nicht relevant angesehenen Ausprägungen bleiben unberücksichtigt. In einer solchen Auswahl ist die Menge der noch konkurrierenden Systeme überschaubar, und da die Informationen für einen konkreten Anwendungsfall angefordert werden - meist durch Beauftragte des zukünftigen Anwenderunternehmens, gegebenenfalls in Zusammenarbeit mit einem externen Berater - kann man davon ausgehen, daß die Anbieter die angefragten Anpassungskosten zur Verfügung stellen werden.

Da die Auswahl in ihrer ersten Stufe die Anpassungskosten der Systemalternativen mit Rücksicht auf die Praktikabilität noch nicht berücksichtigen kann, muß sie auf Basis des Standardsoftwareleistungsumfanges ohne Anpassungen erfolgen. Durch diesen Umstand besteht die Möglichkeit, daß ein unter Berücksichtigung des Standardsoftwareleistungsumfanges nicht zur Favoritengruppe gehörendes System in der zweiten Auswahlstufe durch Anpassungen in die Favoritengruppe aufsteigt. Dieser Fall ist jedoch kaum zu erwarten, da im Auswahlverfahren sowohl Nutzwert als auch Kosten maßgeblich sind und Systeme mit niedrigem Nutzwert aufgrund des Standardsoftwareleistungsumfangs ohne Anpassungen selbst bei großer Nutzwertsteigerung durch Anpassungen auch mehr oder weniger umfangreiche Kostensteigerungen aufweisen.

Damit wird das Auswahlverfahren in zwei Stufen aufteilt (s. Abbildung 12): die erste Stufe soll als Grobauswahl bezeichnet werden, die zweite Stufe als Feinauswahl. Die erste Stufe berücksichtigt die Standardleistungsfähigkeit aller einbezo-

genen Systemalternativen ohne Einbeziehung von Anpassungskosten, die zweite Stufe geht von einer am Ende der ersten Stufe gebildeten kleinen Favoritengruppe von Systemalternativen aus, die unter Einbeziehung von Anpassungskosten miteinander verglichen werden.

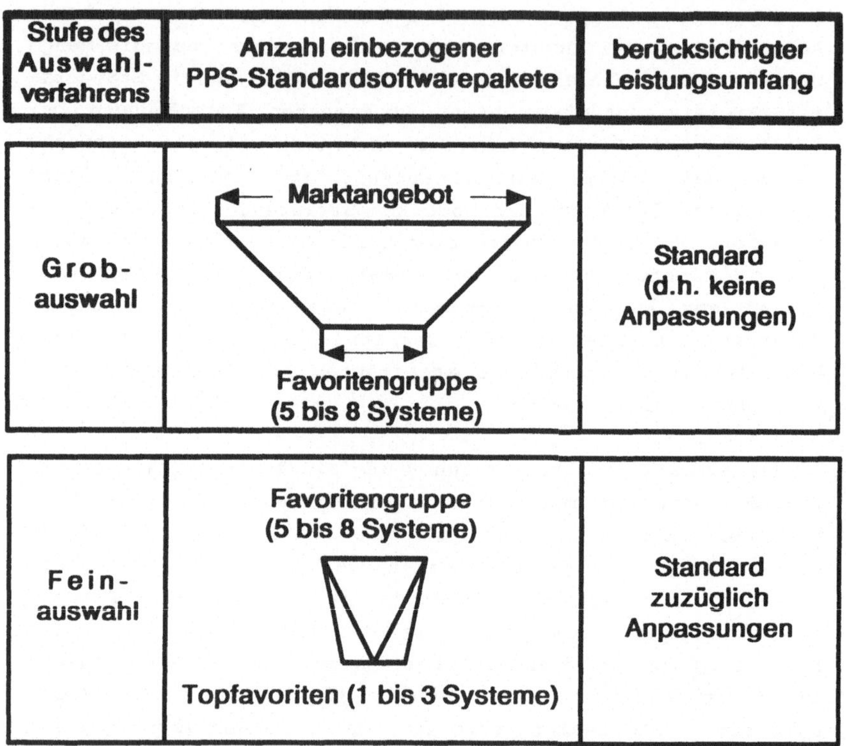

Abb. 12: Stufung des Auswahlverfahrens.

Einen Überblick über den Aufbau des Auswahlverfahrens mit seinen Elementen und Ablaufschritten gibt Abbildung 13.

Den zwei Stufen der Grob- und Feinauswahl ist die Festlegung des Anforderungsprofiles vorgelagert, da diese für beide Auswahlstufen Gültigkeit hat.

Einmalige Vorleistungen für die **Nutzwert-Kosten-Analyse**:	
- Zielsystem aufstellen	(5.1.1)
- Alternativen zusammenstellen	(5.1.2)
- Alternativen Hardwaregrößenklassen zuordnen	(5.1.2)
- Zielerträge der Alternativen ermitteln	(5.1.3)
- Modulkosten der Alternativen ermitteln	(5.2)
- Zielerträge der Alternativen ihren Modulen zuordnen	(5.2)

Anforderungsprofil für das Auswahlverfahren festlegen:	
- relevante Zielerträge (Ausprägungskombinationen)	(5.1.4)
- Zielerfüllungsgrade	(5.1.4)
- Gewichtung des Zielsystems	(5.1.5)
- gewünschte Hardwaregrößenklassen	(6.1)
- K.O.-Merkmale	(6.1)
- Maximalkostenbudget	(6.1)
- Mindestnutzwert	(6.1)

G r o b a u s w a h l	(6.1)
- Alternativen nicht gewünschter Hardwaregrößenklassen eliminieren - **Nutzwert-Kosten-Analyse** unter Berücksichtigung des Standardsoftwareleistungsumfanges durchführen -> Ergebnis: Nutzwert und Kosten jeder Alternative gemäß Standardsoftwareleistungsumfang - Alternativenmenge durch Mindestnutzwert, Maximalkostenbudget und ggf. weitere Auswahlkriterien eingrenzen auf 5 bis 8 Alternativen	

F e i n a u s w a h l	(6.2)
- Anpassungskosten verbliebener Alternativen hinsichtlich standardmäßig nicht erfüllter, gemäß Anforderungsprofil geforderter Zielerträge erfassen - **Nutzwert-Kosten-Analyse** unter Einbeziehung der Anpassungskosten durchführen - gemäß Nutzen- oder Wirtschaftlichkeitsmaximierungsprinzip Anpassungen pro Merkmal auswählen und Reihenfolge der Anpassungen über alle Merkmale bilden -> Ergebnis: Entwicklungskurve pro Alternative im Nutzwert-Kosten-Diagramm - Alternativen eliminieren, die K.O.-Merkmale nicht abdecken - Systemauswahl auf Basis der bereitgestellten Entscheidungsgrundlage nach dem Nutzen- oder Wirtschaftlichkeitsmaximierungsprinzip	

Abb. 13: Elemente und Ablaufschritte des Auswahlverfahrens.

Das folgende Kapitel (Kapitel 5) beschreibt die Entwicklung der Nutzwert-Kosten-Analyse als grundlegendes Element des Auswahlverfahrens, während das übernächste Kapitel (Kapitel 6) auf das Auswahlverfahren in seiner Gesamtheit eingeht.

5 Entwicklung der Nutzwert-Kosten-Analyse für das Auswahlverfahren

Wie im Abschnitt 4.1 bereits erwähnt, setzt sich die Nutzwert-Kosten-Analyse aus einer Nutzwertanalyse und einer Kostenanalyse zusammen. Im folgenden Abschnitt wird daher zunächst die Entwicklung der Nutzwertanalyse beschrieben (Abschnitt 5.1). In Abschnitt 5.2 wird die Entwicklung der Kostenanalyse dargestellt. Abschließend wird in Abschnitt 5.3 erläutert, wie Nutzwerte und Kosten gegenübergestellt werden.

5.1 Entwicklung der Nutzwertanalyse

Die Entwicklung der Nutzwertanalyse untergliedert sich in die folgenden Arbeitsschritte (in Anlehnung an BECHMANN 1980, S. 169):

- Aufstellung des Zielsystems,
- Zusammenstellung der Alternativen,
- Ermittlung der Zielerträge,
- Festlegung der Zielerfüllungsgrade,
- Festlegung der Gewichtung und
- Berechnung der Nutzwerte.

Jedem dieser Arbeitsschritte ist im folgenden ein Abschnitt gewidmet.

5.1.1 Die Aufstellung des Zielsystems

Zunächst werden die generellen Anforderungen an ein Zielsystem beschrieben (Abschnitt 5.1.1.1), sodann die gewählte Vorgehensweise bei der Herleitung des Zielsystems (Abschnitt 5.1.1.2). Anschließend wird in Abschnitt 5.1.1.3 das entwickelte Zielsystem beschrieben. Zum Abschluß wird auf die Überprüfung der Merkmalsredundanz eingegangen (Abschnitt 5.1.1.4).

5.1.1.1 Anforderungen an ein Zielsystem

Unter einem Zielsystem versteht man eine geordnete Gesamtheit von Zielen, deren Erfüllung für die Auswahlentscheidung von Bedeutung ist (vgl. ELLINGER, WILDEMANN 1978, S. 44; ZANGEMEISTER 1976, S. 89).

Ein Zielsystem besitzt eine hierarchische Struktur, die wie ein umgekehrter Baum aufgefaßt werden kann: dem obersten oder Gesamtziel sind in der darunter liegenden Zielebene mehrere konkretere Unterziele zugeordnet, die so lange in weitere Unterziele aufgefächert werden, bis sie operabel sind, d.h. sich in eindeutig verständlichen Größen ausdrücken lassen (vgl. HEINEN 1966, S. 115). Diese operablen Ziele, denen keine weiteren Unterziele mehr zugeordnet sind und die zur eigentlichen Bewertung der Alternativen herangezogen werden (vgl. RINZA, SCHMITZ 1977, S. 25), werden im folgenden Merkmale genannt.

Die vertikalen - von oben nach unten - und die horizontalen - von links nach rechts - Beziehungen zwischen den Zielen unterliegen gewissen Anforderungen. So müssen alle Unterziele eines ihnen übergeordneten Zieles (Oberzieles) dessen logische Teilziele sein und in ihrer Gesamtheit das Oberziel vollständig beschreiben (vgl. RINZA, SCHMITZ 1977, S. 25). Vertikale Zielbeziehungen können auf Grund von Zweck-Mittel-Beziehungen zwischen Ober- und Unterzielen hergestellt werden (vgl. ZANGEMEISTER 1976, S. 107). Die Beziehung "Mittel zum Zweck" ist nach HEINEN (1966, S. 103) gleichbedeutend mit der Beziehung "ersetzbar durch" zu verwenden. Die Zielketten (vertikale Abfolge von Ober- und Unterzielen bis hinunter zum Merkmal) müssen nicht alle gleich lang sein (vgl. RINZA, SCHMITZ 1977, S. 27).

Die Ziele müssen für die bestehende Auswahlsituation relevant sein (Forderung nach Richtigkeit und Zweckmäßigkeit) und die Auswahlsituation vollständig beschreiben (vgl. BRIEF 1984, S. 44).

Ferner müssen die Ziele in horizontaler Richtung soweit wie möglich unabhängig und überschneidungsfrei sein (vgl. HAMMER u.a. 1979, S. 188), da sonst ein Ziel unbeabsichtigt mehrfach in die Bewertung eingeht. Dies ist die Forderung nach der bedingten Nutzenunabhängigkeit der Ziele, die für die praktische Nutzwertanalyse ausreicht (vgl. Abschnitt 4.2).

5.1.1.2 Vorgehensweise bei der Herleitung des Zielsystems

Zur Herleitung des Zielsystems bestehen grundsätzlich zwei Möglichkeiten (vgl. RINZA, SCHMITZ 1977, S. 25):

- Intuitives Sammeln von Zielen, anschließendes Suchen nach geeigneten Oberbegriffen und Schließen vorhandener Lücken;
- Deduktives Untergliedern des jeweiligen Oberzieles in Unterziele bis zu den Merkmalen.

In dieser Arbeit wurden bei der Herleitung des Zielsystems beide Vorgehensweisen nebeneinander in gegenseitiger Ergänzung angewendet. Zum Teil konnte auf das von BRIEF (1984, S. 56) entwickelte Zielsystem aufgebaut werden. Desweiteren flossen Ergebnisse einer 1987 am Forschungsinstitut für Rationalisierung durchgeführten Umfrage zur Anpaßbarkeit von PPS-Standardsoftware bei dreißig Anbietern ein. Nicht zuletzt wurden Literaturhinweise, in einer Vielzahl von PPS-System-Auswahlprojekten gewonnene Erfahrungen sowie Hinweise und Anregungen aus Expertengesprächen berücksichtigt.

5.1.1.3 Beschreibung des entwickelten Zielsystems

Abbildung 14 zeigt das entwickelte Zielsystem in seiner Gesamtheit. Die Merkmale sind aus Gründen der Übersichtlichkeit hier nicht dargestellt. Sie sind Inhalt des Anforderungskataloges, der auszugsweise im Anhang 1 zu finden ist und in vollständiger Fassung bei MIESSEN 1989 nachgelesen werden kann.

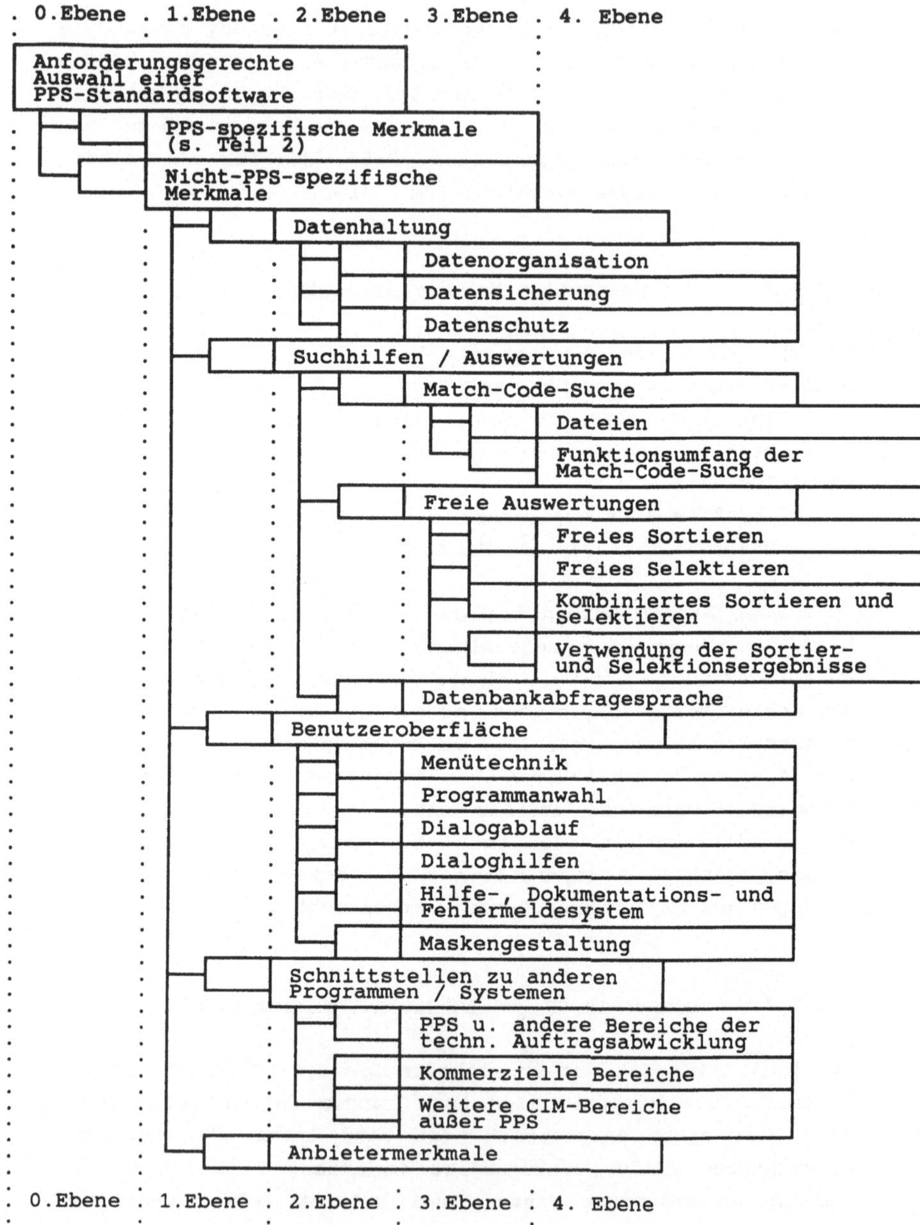

Abb. 14: Das Zielsystem in seiner Gesamtheit (Teil 1 von 2).

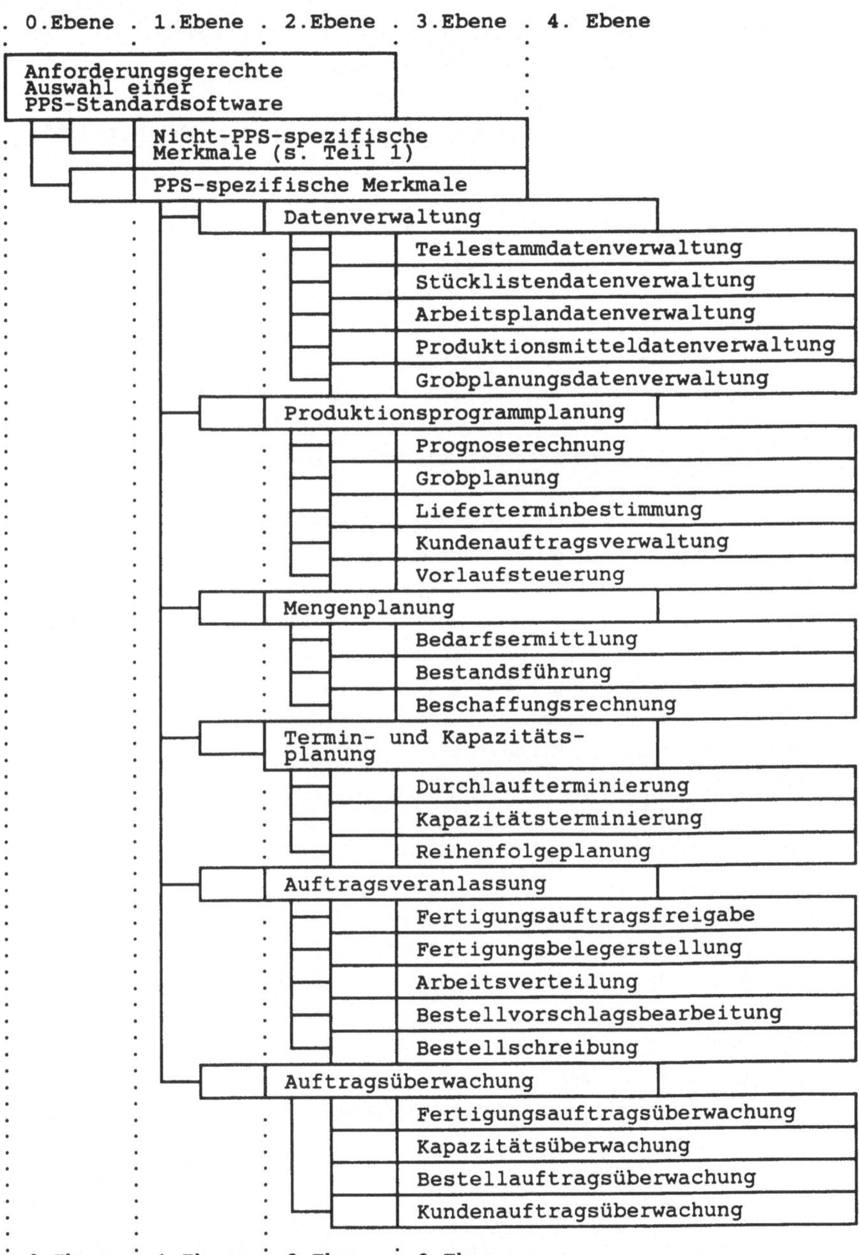

Abb. 14: Das Zielsystem in seiner Gesamtheit (Teil 2 von 2).

Nach diesem Überblick über das gesamte Zielsystem wird im folgenden auf seinen Inhalt eingegangen.

Gesamtziel "anforderungsgerechte Auswahl einer PPS-Standardsoftware"

Das Gesamtziel (0. Ebene, s. Abbildung 14) beinhaltet die "anforderungsgerechte Auswahl einer PPS-Standardsoftware". Dieses Gesamtziel ist in der ersten Zielebene in die beiden im folgenden als Hauptziele bezeichneten Unterziele

- "anforderungsgerechte Auswahl eines PPS-Standardsoftwareproduktes im Hinblick auf nicht-PPS-spezifische Merkmale" und
- "anforderungsgerechte Auswahl eines PPS-Standardsoftwareproduktes im Hinblick auf PPS-spezifische Merkmale"

gegliedert[1] (vgl. Abbildung 14). Diese Unterteilung ergibt sich aus dem Charakter der unter dem ersten Hauptziel "Nicht-PPS-spezifische Merkmale" zusammengefaßten Unterziele, denen gemeinsam ist, daß sie sich nicht jeweils einer bestimmten PPS-Funktion zuordnen lassen, sondern für die Systemauswahl insgesamt von Bedeutung sind. Die unter dem zweiten Hauptziel "PPS-spezifische Merkmale" angeordneten Unterziele beschreiben unmittelbar die Eigenschaften der jeweiligen PPS-Funktionen.

Erstes Hauptziel "Nicht-PPS-spezifische Merkmale"

Das erste Hauptziel "Nicht-PPS-spezifische Merkmale" (1. Ebene) ist in der zweiten Zielebene in die folgenden Unterziele gegliedert (vgl. Abbildung 14):

- Datenhaltung,
- Suchhilfen / Auswertungen,
- Benutzeroberfläche,
- Schnittstellen zu anderen Programmen / Systemen,
- Anbietermerkmale.

---

[1] Zur besseren Übersichtlichkeit wird im folgenden lediglich die Kurzbeschreibung des Ziels, also hier "PPS-Standardsoftware", "PPS-spezifische Merkmale", "Nicht-PPS-spezifische Merkmale" verwendet.

Auf den unter dem Hauptziel "Nicht-PPS-spezifische Merkmale" angeordneten Teil des Zielsystems wird im folgenden näher eingegangen, weil dieser gegenüber der Arbeit von BRIEF (1984) wesentlich erweitert wurde.

Oberziel "Datenhaltung"

Das Oberziel "Datenhaltung" (2. Ebene, s. Abbildung 14) umfaßt alle Merkmale, die generelle Eigenschaften eines PPS-Standardsoftwareproduktes hinsichtlich der EDV-technischen Vorhaltung und Änderung der Datenbasis, Sicherung vor Zerstörung und Inkonsistenz der Daten sowie Schutz vor unbefugtem Zugriff auf die Datenbasis beschreiben. Demgemäß sind die Unterziele des Oberzieles "Datenhaltung" in der dritten Zielebene (vgl. Abbildung 14):

- Datenorganisation,
- Datensicherung,
- Datenschutz.

Das Ziel "Datenorganisation" beschreibt die Gestalt und Änderbarkeit der den PPS-Standardprogrammen zugrundeliegenden Datenstruktur. Das Ziel "Datensicherheit" beinhaltet die Möglichkeiten zur Aufrechterhaltung bzw. Wiederherstellung eines konsistenten, aktuellen und vollständigen Datenbestandes. Das Ziel "Datenschutz" umfaßt "... die Sicherung von Datenbeständen, Programmen ... gegen Zugriff und Verwendung durch unbefugte Personen" (KOREIMANN 1977, S. 70).

In der vierten Zielebene befinden sich die Merkmale zu diesen Oberzielen, so daß diese Ebene das Zielkettenende des Oberzieles "Datenhaltung" darstellt. Mit Rücksicht auf den Umfang muß von einer Darstellung und Erläuterung der einzelnen Merkmale an dieser Stelle abgesehen werden. Die Merkmale sind jedoch bei MIESSEN (1989) vollständig aufgelistet und dort zum großen Teil mit Erklärungen versehen. Auszüge aus dem Anforderungskatalog sind im Anhang 1 dargestellt.

Oberziel "Suchhilfen / Auswertungen"

Das Oberziel "Suchhilfen / Auswertungen" (2. Ebene, s. Abbildung 14) befaßt sich mit den Möglichkeiten eines PPS-Standardsoftwareproduktes zur Suche und Ordnung von Datensätzen und den zugehörigen Auswertungen. Es ist in der dritten Zielebene folgendermaßen untergliedert (vgl. Abbildung 14):

- Match-Code-Suche,
- Freie Auswertungen,
- Datenbankabfragesprache.

Das Ziel "**Match-Code-Suche**" beinhaltet Merkmale zu den matchcode-fähigen Dateien mit Anzahl und Stellenzahl der Match-Code-Felder sowie zum Funktionsumfang der Match-Code-Suche[1]. Unter dem Ziel "**Freie Auswertungen**" werden die Eigenschaften von Sortier- und Selektionsprogrammen oder -generatoren (vgl. Abschnitt 3.1.4), die frei spezifizierbar sind, behandelt. Das Ziel "**Datenbankabfragesprache**" umfaßt Merkmale zu Art und Möglichkeiten einer vorhandenen Datenbankabfragesprache bzw. Query Language (vgl. Abschnitt 3.1.7). Diese Oberziele sind teilweise noch in weitere Unterziele gegliedert, bevor die Merkmale zugeordnet sind. Hierzu sei auf Abbildung 14 , den Anforderungskatalog (MIESSEN 1989) und dessen Auszüge im Anhang 1 verwiesen.

Oberziel "Benutzeroberfläche"

Das Oberziel "Benutzeroberfläche" (2. Ebene, vgl. Abbildung 14) behandelt Merkmale, die die Art und Weise beschreiben, mit der der Benutzer mit der PPS-Standardsoftware kommuniziert, und geht auf Möglichkeiten der Änderung dieser Benutzeroberfläche ein. Dieses Oberziel ist in der dritten Zielebene in die folgenden sechs Unterziele unterteilt (vgl. Abbildung 14):

---

[1]Unter einem Match-Code-Feld versteht man ein suchfähiges Feld, über das ein Datensatz (mehrere Datensätze), dessen (deren) Match-Code-Feld(er) den Inhalt aufweisen, der zu Beginn der Match-Code-Suche eingegeben wurde, aus einer Datei herausgesucht werden kann (können).

- **Menütechnik,**
- Programmanwahl,
- Dialogablauf,
- Dialoghilfen,
- Hilfe-, Dokumentations- und Fehlermeldesystem,
- Maskengestaltung.

Das Oberziel "**Menütechnik**" beinhaltet Merkmale zur Gestalt und Veränderbarkeit der Menüs sowie zur Arbeitsweise mit den Menüs. Das Oberziel "**Programmanwahl**" beschreibt, ob und wie die eigentlichen Verarbeitungsprogramme direkt angewählt werden können und welcher Komfort dabei angeboten wird. Das Oberziel "**Dialogablauf**" umfaßt Merkmale zur Art und Weise des Dialogablaufes zwischen Endbenutzer und Computer. Unter dem Oberziel "**Dialoghilfen**" wurden Hilfsmittel gefaßt, die der Endbenutzer gegebenenfalls zur Vereinfachung seiner Arbeit am Bildschirmterminal in Anspruch nehmen kann. Innerhalb des Oberzieles "**Hilfe-, Dokumentations- und Fehlermeldesystem**" wurden die Formen der systemseitigen Fehlermeldungen und Hilfetexte sowie Art und Umfang der Dokumentation des PPS-Standardsoftwareproduktes beschrieben. Schließlich enthält das Oberziel "**Maskengestaltung**" Merkmale zum Aufbau und zur Veränderbarkeit der Masken, wobei auch Eigenschaften von Maskengeneratoren (s. Abschnitt 3.1.4) abgebildet werden können. In der vierten Zielebene befinden sich die Merkmale zu diesen Oberzielen.

Oberziel "Schnittstellen zu anderen Programmen/Systemen"

Der funktionsbezogene Geltungsbereich des Auswahlverfahrens ist auf die Aufgabenbereiche der PPS eingeschränkt (vgl. Abschnitt 4.4). Viele Produktionsunternehmen bauen ihre EDV-Unterstützung jedoch in Richtung des "CIM" (Computer Integrated Manufacturing = rechnerintergrierte Produktion) aus. Demzufolge müssen bei der Auswahl eines PPS-Standardsoftwareproduktes dessen Schnittstellen zu oder Software für andere Bereiche berücksichtigt werden. Dazu wurde das Oberziel "Schnittstellen zu anderen Programmen/Systemen" (2. Ebene, vgl. Abbildung 14) in das Zielsystem aufgenommen. Es ist in der dritten Zielebene in die drei Unterziele

- PPS und andere Bereiche der technischen Auftragsabwicklung,
- Kommerzielle Bereiche,
- Weitere CIM-Bereiche außer PPS

unterteilt. In der vierten Zielebene befinden sich die Merkmale zu den drei genannten Oberzielen.

Oberziel "Anbietermerkmale"

Unter diesem Oberziel (2. Ebene, s. Abbildung 14) wurden Merkmale gefaßt, die es erlauben, den Anbieter über die Anzahl der Installationen seines PPS-Standardsoftwareproduktes, seiner Mitarbeiterstärke und den von ihm angebotenen Dienstleistungen zu bewerten.

Die Betrachtung des Teiles des Zielsystems zu den nicht-PPS-spezifischen Merkmalen ist damit abgeschlossen.

Zweites Hauptziel "PPS-spezifische Merkmale"

Das zweite Hauptziel "PPS-spezifische Merkmale" (1. Ebene, s. Abbildung 14) ist in der zweiten Zielebene gemäß der Gliederung der PPS (vgl. Abschnitt 2.1) in ihre Hauptfunktionen

- Datenverwaltung,
- Produktionsprogrammplanung,
- Mengenplanung,
- Termin- und Kapazitätsplanung,
- Auftragsveranlassung,
- Auftragsüberwachung

aufgegliedert.

Die weitere Untergliederung dieser Ziele wurde entsprechend der in Abschnitt 2.1 dargestellten Gliederung der PPS-Hauptfunktionen in ihre Teilfunktionen vorgenommen (vgl. Abbildung 1). Da der Teil des Zielsystems zum Hauptziel "PPS-spezifische Merkmale" weitgehend die von BRIEF (1984) vorgestellte Struktur besitzt, wird auf seine ausführliche Darstellung verzichtet. Das hier gültige Zielsystem geht aus Abbildung 14 hervor. Die Weiterentwicklung dieses Zielsystemteiles erfolgte maßgeblich auf der Merkmalsebene; für die Beschreibung der Merkmale sei auf den Anforderungskatalog (MIESSEN 1989; Auszüge im Anhang 1) verwiesen.

5.1.1.4 Überprüfung der Merkmalsredundanz

Nach ZANGEMEISTER (1976, S. 79) unterliegen die zu einer Nutzwertanalyse herangezogenen Merkmale der Forderung nach bedingter Nutzenunabhängigkeit, das heißt, sie müssen voneinander unabhängig und überschneidungsfrei sein.

Nach dieser Forderung wurden die aufgestellten Merkmale systematisch untersucht, indem alle möglichen Merkmalspaare gebildet wurden und auf Unabhängigkeit und Überschneidungsfreiheit überprüft wurden.

Dabei wurden die Merkmalspaare folgendermaßen gebildet. In der ersten Paarungszeile wurde Merkmal m_1 sukzessiv gepaart mit m_2, m_3, ..., m_j, ..., m_{J-1}, m_J, wobei J die Anzahl der Merkmale des Zielsystems ist. In der zweiten Paarungszeile wurde Merkmal m_2 sukzessiv gepaart mit m_3, m_4, ..., m_j, ..., m_{J-1}, m_J. Die Paarung (m_2, m_1) ist identisch mit der Paarung (m_1, m_2), die bereits in der ersten Paarungszeile enthalten ist, sie wird daher nicht mehr aufgestellt. Die generelle Schreibweise dieser Paarungsvorschrift lautet:

Bilde die Merkmalspaarung

$$(m_{j^*}, m_j) \quad \text{mit } j^* = 1, 2, \ldots, J-2, J-1$$
$$\text{und } j = j^*+1, j^*+2, \ldots, J-1, J.$$

Auftretende Abhängigkeiten oder Überschneidungen wurden durch diese Vorgehensweise gegebenenfalls festgestellt und eliminiert. Auf diese Weise wurde sichergestellt, daß die Gesamtheit der Merkmale redundanzfrei ist.

5.1.2 Die Zusammenstellung der Alternativen

Das im Abschnitt 5.1.1 entwickelte Zielsystem enthält an seinen Zielkettenenden die Merkmale, anhand derer die der Nutzwertanalyse zu unterziehenden Alternativen verglichen werden sollen. Die Alternativen sind hierbei die auf dem Markt gängigen PPS-Standardsoftwareprodukte.

Ein Teil der Daten über die Leistungsfähigkeit der Alternativen wurde im Zusammenhang mit einer breit angelegten Untersuchung des Marktangebotes mit Hilfe des "Kataloges zur Erfassung von Standardsystemen der PPS" erhoben, der der Aktualisierung des vom Forschungsinstitut für Rationalisierung (FIR) regelmäßig herausgegebenen Marktspiegels "PPS-Systeme auf dem Prüfstand" (zuletzt erschien die 3. Auflage: ROOS u.a. 1988) dient. Desweiteren wurden zusätzliche Datenerhebungen zu den nicht-PPS-spezifischen Merkmalen, die vorwiegend aus der Einbindung der Softwareanpaßbarkeit in das zu entwickelnde Auswahlverfahren resultieren, sowie zu den Preisen der Module der PPS-Standardsoftwareprodukte durchgeführt. Da der vom einzelnen Anbieter zu leistende Bearbeitungsaufwand zum Beantworten der Fragebögen erheblich war, wurde ihm freigestellt, den im Rahmen der Marktuntersuchung 1987 ausgefüllten (alten) Erfassungskatalog lediglich bezüglich Änderungen zu bearbeiten oder aber den redigierten (neuen) Erfassungskatalog in der 1988er Fassung vollständig neu auszufüllen.

Das in der vorliegenden Arbeit entwickelte Zielsystem benötigt die Informationen des redigierten Erfassungskatalogs, den nur ein Teil der angeschriebenen Anbieter bearbeitete. Ferner wurden von einigen weiteren Anbietern die Fragebögen zu den nicht-PPS-spezifischen Merkmalen und/oder zu den Modulpreisen nicht bearbeitet.

Daher konnten in das zu entwickelnde Auswahlverfahren schließlich insgesamt 24 PPS-Standardsoftwareprodukte einbezogen werden. Für die Anwendung der Nutzwertanalyse müssen nicht alle theoretisch möglichen Alternativen einbezogen werden, da die Bewertung einer jeden einzelnen Alternative von der Hinzunahme bzw. dem Weglassen weiterer Alternativen unabhängig ist (vgl. Abschnitt 4.2). Das Verfahren der Nutzwertanalyse gestattet daher jederzeit die nachträgliche Hinzunahme von Alternativen. Für den in Kapitel 7 angetretenen Nachweis der Praktikabilität des Auswahlverfahrens ist die Anzahl der einbezogenen Systeme von untergeordneter Bedeutung.

Tabelle 4 gibt einen Überblick über die einbezogenen Systemalternativen mit Angaben zu Systemnamen, Anbieternamen, Hardwaregrößenklasse (HWGK) und zu wahlweise einsetzbarer Hardware. Die Zuordnung der PPS-Standardsoftwareprodukte zu Hardwaregrößenklassen erfolgte aufgrund der möglichen bzw. benötigten Hardwareanlage. Diese Klassifizierung ist an den Würzburger Hardware Katalog (WHK 1987) angelehnt, der in Abhängigkeit der Kriterien

- Anschlußmöglichkeit,
- Anwendersoftware,
- Ausbaubarkeit,
- Benutzeroberfläche,
- Betriebssystem,
- Datenverwaltung,
- Installationsmerkmale,
- Kommunikationsfähigkeit,
- Multi-User-/Single-User-Fähigkeit,
- Preis,
- Programmierbarkeit,
- Programmverwaltung,
- Prozessortypen,
- Systemarchitektur und
- Systemsoftware

insgesamt vier Hardwaregrößenklassen unterscheidet:

1) Very Small Computer, typische Vertreter: PC XT/AT,
2) Small Computer, typischer Vertreter: IBM /36,
3) Large Computer, typischer Vertreter: Digital VAX 11/750,
4) Very Large Computer, typischer Vertreter: IBM 30xx.

lfd. Nr.	System-name	Anbieter-name	HW GK	Hardwareanlage(n)
1	AVUS	Gelpke	1	Motorola 68000, 68020
2	AV-X	Microdata	2	Olivetti L1
3	CHARLI	TKS	1	PC XT/AT
4	FEPLUS	OSP	2	IBM /36, /38 bis -200
			3	IBM /38 ab -300
5	FER-DIA	Dahm	2	CTM 9016, 9032
6	FIESTA	CSA	1	Data General DG 10, 20, 30
			2	Data General Eclipse, Nova; Norsk Data 500, 5000
			3	Data General MV
7	FORMAT	Polzer	2	HP 3000 bis /58
			3	HP 3000 ab /68
8	FOSS	Ordat	2	HP 3000 bis /58
			3	HP 3000 ab /68
9	FRIDA	Command	2	IBM /38 bis -200
			3	IBM /38 ab -300
10	HOFERT	Holzapfel	2	Digital VAX bis 11/750
			3	Digital VAX 11/78x, VAX 8200, VAX 8300
			4	Digital VAX ab 8600
11	IMMAC	NCR	2	NCR 9000, 10000
12	IMPLUS	GFP	1	MAI, z.B. DS 500, 1500
			2	Fortune 32:16; ICL Clan; MAI, z.B. 2000, 8010, 8020
			3	Fortune Formula; MAI, z.B. 8030
13	MADRAS	SIB Walter	1	PC XT/AT, PS /2
14	MAST	SRZ	1	PC XT/AT
			2	Siemens unter UNIX, z.B. PC-MX, PC-X, MX 500, PC-X 10; Unisys unter UNIX, z.B. 5000, 7000
15	MB-PPS	Mindhoff	2	IBM /36, /38 bis -200
			3	IBM /38 ab -300
16	MIACS	Bull	2	Bull DPS 40xx
			3	Bull DPS 7
			4	Bull DPS 8, DPS 7000

Tab. 4: Liste der einbezogenen Systemalternativen (Teil 1 von 2).

lfd. Nr.	System-name	Anbieter-name	HW GK	Hardwareanlage(n)
17	MPMS	OSY	1	PC XT/AT, PS /2, OS /2
18	PIUSS-O	PSI	2	Digital VAX bis 11/750; IBM /38 bis -200
			3	Digital VAX 11/78x, VAX 8200, VAX 8300; IBM /38 ab -300
			4	Digital VAX ab 8600
19	PROFIS	Dataring	2	Nixdorf Targon; Nork Data 500
			3	IBM 43xx bis 4361
			4	IBM 4381, 30xx
20	RM-PPS	SAP	3	IBM 43xx bis 4361, 9370; Nixdorf 8890; Siemens 7.5xx bis 7.500-C40
			4	IBM 4381, 30xx; Siemens 7.5xx ab 7.580, 7.500-H120
21	SCOUT	Datanorm	2	Digital VAX bis 11/750
			3	Digital VAX 11/78x, VAX 8200, VAX 8300
			4	Digital VAX ab 8600
22	SMZ	Beck	2	HP 3000 bis /58; IBM /36
			3	HP 3000 ab /68; IBM 43xx bis 4361
			4	IBM 4381
23	STRUCTURA	Weigang	2	HP 260, 3000 bis /58
			3	HP 3000 ab /68
24	VAX-PROFI	Digital	2	Digital VAX bis 11/750
			3	Digital VAX 11/78x, VAX 8200, VAX 8300
			4	Digital VAX ab 8600

Tab. 4: Liste der einbezogenen Systemalternativen (Teil 2 von 2).

5.1.3 Die Ermittlung der Zielerträge

Als Zielertrag einer Alternative bezeichnet man die Leistungen dieser Alternative bezüglich eines Merkmales (vgl. RINZA, SCHMITZ 1977, S. 39). Um jedoch die Alternativen hinsichtlich ihrer Leistungen bezüglich eines jeden Merkmals einheitlich einordnen zu können, wurden zu jedem Merkmal alle jeweils denkbaren Leistungen, im folgenden Ausprägungen genannt, zusammengestellt.

Ausprägungen zur späteren Zuordnung der Zielerträge einer Alternative können sowohl numerisch als verbal beschrieben sein, sie müssen allerdings eindeutig definiert und meßbar sein. Hier wurde zwischen verbal beschriebenen und numerisch beschriebenen Ausprägungen wie folgt unterschieden.

Bei den verbal beschriebenen Ausprägungen wurden jedem Merkmal des Zielsystems, z.B.

m098: numerische Teilenummer

bis zu sieben Ausprägungen, z.B.

a) vorhanden,
b) mit Prüfziffer,
c) automatische Vergabe
...

zugeordnet, von denen eine oder mehrere von einer Alternative erfüllt werden können. Bei den numerisch beschriebenen Zielerträgen, z.B.

m097: maximale Stellenzahl der Teilenummer

sind soviele Ausprägungen zulässig, wie Zahlenwerte vorhanden; hier existiert keine Restriktion.

Insbesondere die verbal fixierten Ausprägungen der Merkmale sind eindeutig formuliert, so daß die einzuordnenden Alternativen eindeutig einer oder mehreren Ausprägungen je Merkmal zugeordnet werden können. Die Beschreibungen der Ausprägungen finden sich im Anforderungskatalog (MIESSEN 1989), auszugsweise im Anhang 1.

Auf Basis der in Abschnitt 5.1.2 beschriebenen Datenerhebungen wurde jede Alternative pro Merkmal einer oder mehreren Ausprägungen zugeordnet. Die von einer Systemalternative erfüllten Ausprägungen werden Zielerträge genannt. Die Zielertragsmatrix enthält die Zielerträge aller einbezogenen Alternativen. Abbildung 15 zeigt einen Ausschnitt aus der Zielertragsmatrix.

Zielertrag	PPS-Software			
Merkmal	AVUS	AV-X	CHARLI	..
m001	A	B	C	
m002	A, B, C	A,B,C,D	A, B, C	
m003	A, B	A, B	A, B	
m004	A, B	A, B	B	
m005	A	B	A, C	
m006	B, D, F	D, F	B, D	
m007	A, B	A	A	
m008	D	C, D	A	
m009	A	-	-	
:	:	:	:	

Abb. 15: Ausschnitt aus der Zielertragmatrix (A, B, C, D, E, F, G sind die Ausprägungen.)

5.1.4 Die Festlegung der Zielerfüllungsgrade

Die Darstellung der Leistungsfähigkeit der Alternativen wurde im vorigen Abschnitt durch Zuordnung der Alternativen zu Ausprägungen in der Zielertragsmatrix vollzogen. Die Ausprägungen sind numerisch oder verbal beschrieben. Pro Merkmal kann eine Alternative eine oder mehrere Ausprägungen erfüllen.

Für die Durchführung der Nutzwertanalyse ist es erforderlich, die Zielerträge durch Bewertung in Zielerfüllungsgrade, auch

Zielwerte genannt, zu überführen. Die Zielerfüllungsgrade sind dimensionslos und können dann in geeigneter Weise (s. Abschnitt 5.1.6) zum Gesamtnutzwert verrechnet werden.

Die Bewertung der Zielerträge wird durch den Entscheidungsträger (den Anwender des Auswahlverfahrens) vorgenommen. Die Bewertung besteht darin, die durch eine subjektive Präferenzstruktur bestimmten Objektrelationen durch Nennung isomorpher Zahlenrelationen abzubilden. Um den zu bewertenden Elementen (Merkmalen) adäquate Zahlen zuordnen zu können, muß eine Skala aufgestellt und eine Operation (Urteil) für eine systematische, das heißt nicht zufällige Zuordnung von Skalenwerten angegeben werden (vgl. ZANGEMEISTER 1976, S. 143).

Aus den verschiedenen Skalentypen (vgl. BRAUCHLIN 1978, S. 181 ff.; ZANGEMEISTER 1976, S. 149 ff.) wurde die Kardinalskala ausgewählt, weil mit ihrer Hilfe verschiedene Ausprägungen nicht nur in eine Rangreihe gebracht werden können (Eigenschaft der Ordinalskala), sondern auch quantitative Unterschiede zwischen den Ausprägungen ausgedrückt werden können.

Bei der nun folgenden Beschreibung des Bewertungsvorganges wird analog zu den Zielerträgen wieder zwischen verbal und numerisch beschriebenen Merkmalsausprägungen unterschieden.

Bei jedem **Merkmal mit verbal beschriebenen Ausprägungen** muß der Entscheidungsträger überlegen, welche Ausprägung oder Kombination von Ausprägungen (im folgenden Ausprägungskombination[1] genannt) seine Wunschleistungsfähigkeit eines PPS-Standardsoftwareproduktes bezüglich des betrachteten Merkmals beschreibt, das heißt, seinem Anforderungsniveau gerecht wird. Diese Ausprägungskombination wird durch den (die) Buchstaben(folge) beschrieben (z.B. A + B + D) und erhält die Höchstpunktzahl 1.0 als Zielerfüllungsgrad.

---

[1]Damit die Ausdrucksweise nicht zu umständlich wird, soll im folgenden der Begriff "Ausprägungskombination" als Sammelbegriff auch den Begriff "(Einzel-)Ausprägung" beinhalten.

Anschließend wird überlegt, welche Ausprägungskombinationen eine partielle Zielerfüllung des betrachteten Merkmals darstellen. Theoretisch würden alle denkbaren Ausprägungskombinationen (im obigen Beispiel mit den 4 Ausprägungen A, B, C und D wären dies 15 Kombinationen) bewertet werden; in der praktischen Anwendung zeigt sich jedoch, daß meistens sehr viel weniger Kombinationen bewertet werden, da einzelne Ausprägungen von vornherein vom Entscheidungsträger als nicht benötigt bzw. nicht erwünscht eingestuft werden. Auch die Ausprägungskombinationen, die aus Sicht des Entscheidungsträgers eine partielle Zielerfüllung bieten, werden durch die entsprechende Buchstabenkombination beschrieben und erhalten einen Zielerfüllungsgrad, der zwischen 0 und 1.0 liegen muß. Wird der betrachteten Ausprägungskombination eine ähnlich hohe Zielerfüllung zugesprochen wie der Wunschausprägungskombination, so muß auch der ihr zugeordnete Zielerfüllungsgrad nahe 1.0 liegen. Wird zwischen der betrachteten und der Wunschausprägungskombination ein größerer Unterschied im Hinblick auf die Zielerfüllung gesehen, so muß auch der Zielerfüllungsgrad im entsprechenden Verhältnis kleiner als 1.0 ausfallen. Sinnvollerweise wird ein Zielerfüllungsgrad von 0 nur dann vergeben, wenn die Ausprägungskombination bezüglich des betrachteten Merkmals überhaupt keine Zielerfüllung bietet. Jedoch ist es zulässig, auch aus der Sicht des Entscheidungsträgers irrelevante Ausprägungskombinationen mit 0 zu bewerten, das heißt sie gar nicht aufzuführen, um die Nutzwertanalyse in ihrer Aussagekraft trennschärfer zu machen. Dabei muß allerdings in Kauf genommen werden, daß eine Alternative ohne Zielerfüllung dann bei dem betrachteten Merkmal genauso bewertet wird, wie eine Alternative mit aus der Sicht des Entscheidungsträgers irrelevanter Zielerfüllung. Dies erscheint plausibel und akzeptabel.

Durch diese Vorgehensweise erhalten Alternativen nur für diejenigen Leistungsfähigkeiten Nutzwertpunkte, die für den Anwender von Bedeutung sind. Damit ist die in dem Auswahlverfahren von BRIEF (1984) implizit enthaltene Bewertung sogenannter übererfüllter Merkmale[1] ausgeschlossen.

Bei den Merkmalen mit numerisch beschriebenen Ausprägungen legt der Entscheidungträger seine Wunschausprägung durch Nennung einer Zahl fest, z.B. bei Merkmal m097 (Stellenanzahl Teilenummer) die aus seiner Sicht erforderliche Stellenanzahl für die Teilenummer. Im Auswahlverfahren werden nun alle Alternativen, die den gewünschten Zahlenwert bezüglich des betrachteten Merkmals erfüllen oder überschreiten, mit dem maximalen Zielerfüllungsgrad bewertet. Diejenigen Alternativen, die den gewünschten Zahlenwert nicht erreichen, erhalten den Zielerfüllungsgrad 0 bei diesem Merkmal. Bei den Merkmalen m015 bis m023, die Anzahl und Länge der Match-Code-Felder beschreiben (s. Auszug aus dem Anforderungskatalog im Anhang 1), handelt es sich um Zahlenmerkmale mit mehreren Ausprägungen, hier können auch Ausprägungskombinationen gebildet werden.

Unter dem Begriff Entscheidungsträger sind die an der Durchführung des Auswahlverfahrens beteiligten Personen zu verstehen. Sinnvollerweise wird man ein Team aus kompetenten Mitarbeitern der durch das zukünftige PPS-System tangierten Fachabteilungen des die Auswahl durchführenden Unternehmens zusammenstellen. Dieses Team wird im Gespräch die für das Unternehmen relevanten Ausprägungskombinationen und zutreffenden Zielerfüllungsgrade festlegen. Damit wird der Forderung Rechnung getragen, daß die Bewertung von "Experten" vorgenommen wird, denn als Experten gelten Urteilspersonen, die im Hinblick sowohl auf den zu beurteilenden Sachverhalt als auch auf eine eindeutige Urteilsformulierung erfahren sind (vgl. ZANGEMEISTER 1976, S. 77).

---

[1]Ein übererfülltes Merkmal wird dann als solches bewertet, wenn beispielsweise der Anwender mit Ausprägungsstufe 3 zufrieden ist, aber solche Alternativen mehr Nutzwertzuwachs erfahren, die die Stufen 4 oder 5 erfüllen, obwohl der Anwender diese Leistungen nicht benötigt.

5.1.5 Die Festlegung der Gewichtung

Im vorausgehenden Abschnitt wurde durch die Bildung und Bewertung der relevanten Ausprägungskombinationen jeder Alternative pro Merkmal ein Zielerfüllungsgrad zugeordnet, der den Nutzenbeitrag der Alternative bezüglich des betrachteten Merkmals gemäß den Präferenzen des Entscheidungsträgers wiedergibt.

Würde auf dieser Basis die Nutzwertanalyse ausgeführt, würden die jeweiligen Zielerfüllungsgrade einer Alternative gleichgewichtig in den Nutzwert der Alternative eingehen. Die Praxis zeigt jedoch, daß den merkmalsspezifischen Zielerfüllungsgraden sehr unterschiedliche Bedeutung im Hinblick auf die Zielerfüllung der Alternative insgesamt beigemessen wird.

Alle im Zielsystem aufgeführten Ziele inklusive der Merkmale werden demzufolge mit Gewichtungsfaktoren versehen. Diese Gewichtung vergibt der Entscheidungsträger gemäß seiner Kenntnis der betriebsspezifischen Situation. Bei der Vergabe der Gewichtungsfaktoren muß als Randbedingung berücksichtigt werden, daß die Summe der Gewichtungsfaktoren aller einem Oberziel jeweils zugeordneten Unterziele immer 100% ergeben muß. In der Literatur werden verschiedene Verfahren zur Gewichtung von Merkmalen vorgestellt und diskutiert (vgl. RINZA, SCHMITZ 1977, S. 95 ff.). Da die Strukturierung des Zielsystems in einer Zielhierarchie im vorliegenden Auswahlverfahren dazu führt, daß die Anzahl der jeweils zu vergleichenden Unterziele klein bleibt, ist das Verfahren der sukzessiven Vergleiche für die vorliegende Aufgabenstellung geeignet (vgl. BRIEF 1984, S. 91).

Eine vom Verfasser beim Einsatz des BRIEFschen Auswahlverfahrens vielfach erprobte Variante des bei BRIEF (1984, S. 92) beschriebenen Gewichtungsverfahrens der sukzessiven Vergleiche läuft wie nachfolgend erläutert ab. Der Entscheidungsträger gewichtet zunächst die aus seiner Sicht irrelevanten Ziele mit 0. Anschließend werden die 100 Prozentpunkte durch die Anzahl der verbliebenen zu gewichtenden Ziele dividiert, um den Prozentpunktwert bei Gleichgewichtung der relevanten Ziele zu erhalten. Der Entscheidungsträger überlegt nun, welche Ziele ihm wichtiger und welche ihm weniger wichtig sind, als es die Gleichgewichtung ausdrückt. Dementsprechend werden diese Gewichtungsfaktoren erhöht bzw. erniedrigt, wobei auf die oben genannte 100%-Summenbedingung geachtet wird. Diese Vorgehensweise ist praxiserprobt und führt schnell zu einem alle Beteiligten zufriedenstellenden Gewichtungsergebnis. Man wendet sie erst sukzessive für alle jeweils einem Oberziel zugeordnete Merkmale an, anschließend sukzessive auf den höheren Ebenen der Zielhierarchie bis hinauf zur obersten Ebene.

5.1.6 Die Berechnung der Nutzwerte

Nach dem das Zielsystem entwickelt, die Zielertragsmatrix aufgestellt, durch den Bewertungsvorgang in eine Matrix von Zielerfüllungsgraden überführt und die Gewichtung des Zielsystems vorgenommen wurde, können nun die Nutzwerte der Alternativen durch einfache rechentechnische Operation ermittelt werden (vgl. Abschnitt 4.2).

Zunächst werden die jeweiligen Merkmalsgewichte (= Gewicht eines Merkmals über alle Ebenen der Zielhierarchie) ermittelt, indem alle Gewichtungsfaktoren der Zielkette des betreffenden Merkmals miteinander multipliziert werden.

Anschließend wird für jedes Merkmal das Merkmalsgewicht mit dem jeweiligen Zielerfüllungsgrad multipliziert. Abschließend werden diese Produkte pro Alternative addiert.

5.1.7 Überprüfung und Diskussion der Reliabilität

Nachdem die Entwicklungs- und Ablaufschritte der Nutzwertanalyse hergeleitet und beschrieben sind, kann nun auf die Frage der Merkmals- und Beurteilerreliabilität (s. Abschnitt 4.3) eingegangen werden.

Die Reliabilität bzw. Zuverlässigkeit der Merkmale und Ausprägungen, also die **Merkmalsreliabilität**, wurde durch eine systematische Vorgehensweise in der nachfolgend beschriebenen Form sichergestellt.

Nach der Aufstellung der Merkmale und Ausprägungen wurden diese mit ausführlichen Beschreibungen und Erläuterungen versehen. Im Anschluß daran wurden sie einschlägigen Experten aus Anwendung und Forschung zur Überprüfung vorgelegt und anschließend durchgesprochen. Bei aufgetretenen Mißverständnissen oder Verständnisdivergenzen wurden Formulierungen abgeändert oder Erläuterungen hinzugefügt.

In dieser Form wurden die Merkmals- und Ausprägungsbeschreibungen in die Fragebögen und den Anforderungskatalog übernommen. Neben der direkten telefonischen Rücksprache boten die Fragebögen die Möglichkeit, Kommentare und Bemerkungen hinzuzufügen, die bei der Fragebogenauswertung, gegebenenfalls nach telefonischer Rücksprache, einflossen.

Darüber hinaus wurden einige Anbieter ein zweites Mal aufgefordert, die Fragebögen für ihr System zu bearbeiten. Die Abweichungen, die nicht aufgrund einer zwischenzeitlichen Leistungserweiterung bzw. Veränderung des PPS-Standardsoftwareproduktes vorhanden waren, waren so gering, daß die Merkmalsreliabilität als gut angesehen werden kann.

Durch die Auseinandersetzung über die Bewertung der einzelnen Ausprägungskombination im Team und das Herausarbeiten einer für alle vertretbaren Bewertung ist der **Beurteilerreliabilität** in ausreichendem Maße Rechnung getragen.

5.2 Entwicklung der Kostenanalyse

Die im vorliegenden Auswahlverfahren im Rahmen der Nutzwert-Kosten-Analyse einzusetzende Kostenanalyse dient zur Ermittlung der Gesamtkosten der zur Auswahl stehenden Alternati-

ven. Die Kostenanalyse wird parallel zu den Ablaufschritten der Nutzwertanalyse durchgeführt.

Grundsätzlich lassen sich die Kosten eines PPS-Systemeinsatzes, bestehend aus den Phasen Auswahl, Einführung und Betrieb, nach verschiedenen Gesichtspunkten gliedern.

Beim Kostenvergleich unterschiedlicher Systeme erweist sich die Aufteilung in einmalige und laufende Kosten als sinnvoll (vgl. HAMMER u.a. 1979, S. 182 f.; MIESSEN u.a. 1987a, S. 3 ff.). Die laufenden Kosten können dabei weiter nach fixen (nutzungsunabhängig anfallenden) und variablen (nutzungsabhängig anfallenden) Kosten unterschieden werden. Desweiteren werden die fünf folgenden Kostenarten differenziert:

- **Personalkosten,**
- **Systemkosten,**
- Informationskosten,
- Materialkosten und
- sonstige Kosten.

In diesem Auswahlverfahren sollen die einmaligen, fixen Systemkosten aufgrund des Erwerbes der Nutzungsberechtigung eines PPS-Standardsoftwareproduktes (einmalige Lizenzgebühren) sowie die Kosten für Anpassungen der Standardsoftware an die Anforderungen des Entscheidungsträgers ermittelt werden. Die Anpassungskosten können über einen längeren Zeitraum anfallen, wenn die Anpassungen durch die EDV-Abteilung des Anwenders ausgeführt werden oder aber punktuell bei der Übernahme der durch den Anbieter oder einen Dritten angepaßten Softwareproduktes entstehen. Dem Charakter nach sind die Anpassungskosten jedoch ebenfalls zu den einmaligen, fixen Systemkosten zu rechnen.

Die einmaligen Lizenzgebühren der PPS-Standardsoftwareprodukte wurden mit Hilfe einer Umfrage bei den Anbietern erhoben. Dabei wurde pro System abgefragt, welche Module die Standardsoftware umfassen kann, und in welchen Modulen die jeweiligen Merkmale abgedeckt werden.

Bei 12 der 24 einbezogenen Systeme kann die Lizenzgebühr für ein einzelnes Modul variieren. Einige Anbieter haben Preisklassen gebildet, z.B. in Abhängigkeit der Größe der Hardwareanlage bzw. in Abhängigkeit des eingesetzten Betriebssystems oder in Abhängigkeit der Anzahl der Bildschirmarbeitsplätze, die der Anwender betreiben will. Andere Anbieter verändern den Preis linear mit der Anzahl der Bildschirmarbeitsplätze.

Die Preisklassen wurden in das Auswahlverfahren übernommen. Bei den linearen Abhängigkeiten handelt es sich um reine PC-Systeme (Softwareprodukte, die ausschließlich auf PC's lauffähig sind); hier wurde für die Preisbildung eine Ausbaustufe von 10 Bildschirmarbeitsplätzen zugrunde gelegt.

Gemäß den Ergebnissen der Umfrage sind jedem Merkmal pro System ein oder mehrere Module zugeordnet, die die beschriebene Systemleistung enthalten. Somit sind die Voraussetzungen geschaffen, in Abhängigkeit vom Anforderungsprofil die Gesamtkosten der Systemalternativen zu berechnen.

Diese erfolgt so, daß für die Grobauswahl, bei der der Standardleistungsumfang zugrunde gelegt wird (vgl. Abschnitt 4.5), die Preise der jeweils benötigten Module addiert werden. Benötigt wird ein Modul dann, wenn es durch mindestens ein Merkmal angesprochen wurde, das heißt, daß der Teilnutzwert (= Produkt aus Zielerfüllungsgrad und Merkmalsgewicht) dieses Merkmals größer Null war.

Bei der Feinauswahl werden die von den Anbietern erfragten Anpassungskosten für diejenigen Ausprägungen hinzugenommen, die zu einer weiteren Steigerung des Nutzwertes beitragen. Hierbei können die Anpassungen gemäß Nutzen- oder Wirtschaftlichkeitsmaximierungsprinzip ausgewählt werden. Die ausführliche Beschreibung dieser Prinzipien erfolgt im Rahmen der Darstellung der Feinauswahlstufe im Abschnitt 6.2.

Durch Anwendung der Kostenanalyse zur Ermittlung der Gesamtkosten der Systemalternativen stellt das entwickelte Auswahlverfahren neben dem Nutzwert den zugehörigen Anschaffungspreis des entsprechenden PPS-Standardsoftwareproduktes zur Verfügung.

5.3 Gegenüberstellung der Nutzwerte und Kosten

Grundsätzlich bieten sich zur Gegenüberstellung von Nutzwerten und Kosten folgende vier Verfahren an (vgl. **RINZA, SCHMITZ 1977, S. 74**):

- Bildung des Quotienten aus Nutzwert und Kosten,
- Gegenüberstellung von Nutzwert und Kosten in einem Diagramm,
- Bestimmung des kostenmäßigen Vorteils auf dem Markt und
- Transformation der Kosten in einen Nutzwert und Bestimmung des Gesamtnutzens.

Diese Verfahren werden von RINZA, SCHMITZ (1977, S. 75 - 82) ausführlich beschrieben.

Dem Verfahren der Darstellung im Nutzwert-Kosten-Diagramm wurde hier der Vorzug gegeben, da es

- die absoluten Nutzwerte und Kosten wiedergibt,
- den Nutzwert-Kosten-Quotienten in Form der Steigung zwischen dem Koordinatennullpunkt und der Darstellung der betrachteten Alternative wiedergibt,
- die geringste Gefahr von Fehlinterpretationen beinhaltet (vgl. RINZA, SCHMITZ 1977, S. 81) und
- die nutzwert- und kostenmäßige Entwicklung des Standardsoftwareproduktes bei Hinzunahme von Anpassungen abzubilden in der Lage ist.

Abbildung 16 zeigt ein Nutzwert-Kosten-Diagramm mit den darin ablesbaren Größen.

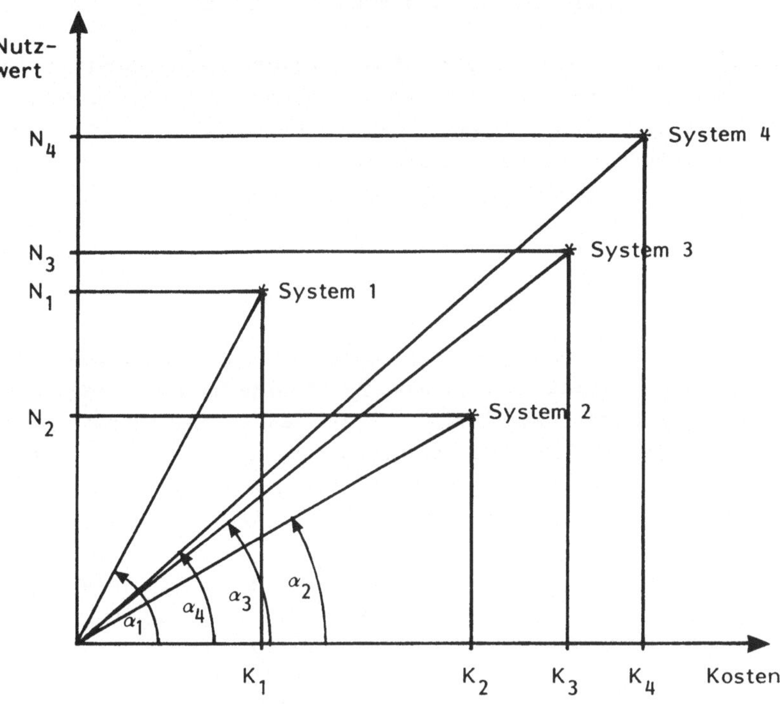

Abb. 16: Nutzwert-Kosten-Diagramm.

Legende:

N	Nutzwert
K	Kosten
$\text{tg}\,\alpha = N / K$	Nutzwert-Kosten-Quotient

6 Entwicklung des Auswahlverfahrens

Nachdem im vorigen Kapitel die Nutzwert-Kosten-Analyse für das Auswahlverfahren aufgebaut wurde, soll in diesem Kapitel das Auswahlverfahren gemäß seines in Abschnitt 4.5 dargestellten Aufbaus unter Einsatz der in Kapitel 5 beschriebenen Nutzwert-Kosten-Analyse entwickelt werden.

6.1 Grobauswahl

Das Ziel der Grobauswahl (vgl. Abschnitt 4.5) ist die Ermittlung einer Favoritengruppe von Systemalternativen. Bezüglich der Größe dieser Favoritengruppe werden in der Fachliteratur verschiedene Zahlen genannt. Als sinnvoll wird aus der Erfahrung des Verfassers mit dem BRIEF'schen Auswahlverfahren eine Anzahl von fünf bis acht Systemalternativen angesehen.

Die vom Anwender des Auswahlverfahrens bereitzustellenden Ausgangsdaten für die Grobauswahl werden in folgenden Arbeitsschritten gewonnen (s. Abbildung 17):

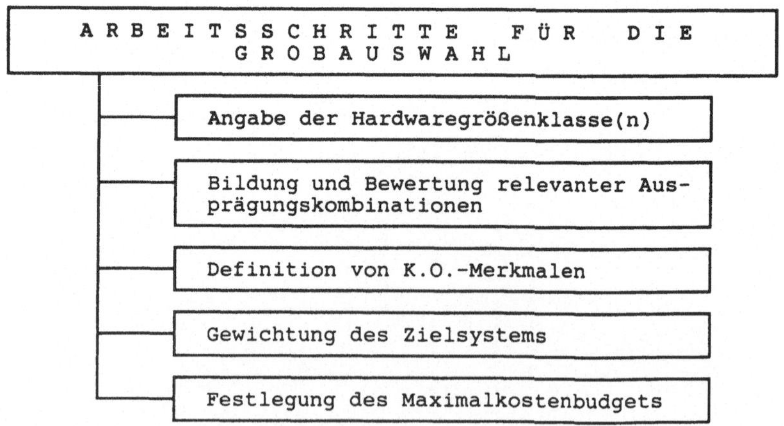

Abb. 17: Arbeitsschritte für die Grobauswahl.

1. Angabe der Hardwaregrößenklasse(n).
   Im ersten Arbeitsschritt müssen diejenigen Hardwaregrößenklassen angegeben werden, zu denen PPS-Standardsoftwareprodukte berücksichtigt werden sollen. Die aufgrund der Systemzuordnung zu Hardwaregrößenklassen durchgeführte Vorselektion führt dazu, daß von vornherein nicht in Frage kommende PPS-Systeme nicht in den Auswahlprozess gelangen. Für einen Kleinbetrieb beispielsweise werden im Normalfall nur Systeme in Frage kommen, deren Hardware in die Hardwaregrößenklasse 1, vielleicht noch in die Klasse 2 einzustufen ist.

2. Bildung und Bewertung relevanter Ausprägungskombinationen.
   Dieser Arbeitsschritt wurde in Abschnitt 5.1.4 ausführlich beschrieben.

3. Definition von K.O.-Merkmalen.
   Unter einem K.O.-Merkmal ist ein Merkmal zu verstehen, dessen niedrigst bewertete Ausprägungskombination eine zwingende Mindestanforderung darstellt. Das K.O.-Merkmal gilt bezüglich eines Systems als erfüllt, wenn die am niedrigsten bewertete Ausprägungskombination oder eine höher bewertete Ausprägungskombination abgedeckt ist. Während bei einem "normalen", also Nicht-K.O.-Merkmal, das Nichterfüllen der am niedrigsten bewerteten Ausprägungskombination keine Folgen hat - außer derjenigen, daß dieses System bezüglich dieses Merkmals keinen Teilnutzwert erhält - werden nicht erfüllte K.O.-Merkmale explizit ausgegeben. Ferner werden K.O.-Merkmale bei der anschließenden Feinauswahl bevorzugt behandelt (vgl. Abschnitt 6.2).

4. Gewichtung des Zielsystems.
   Dieser Arbeitsschritt wurde in Abschnitt 5.1.5 ausführlich beschrieben.

5. Festlegung des Maximalkostenbudgets.
   Mit "Maximalkostenbudget" werden diejenigen Kosten bezeichnet, die der Entscheidungsträger für die Anschaffung der PPS-Standardsoftware höchstens aufzuwenden bereit ist.

Dieser Wert dient als Ausscheidungskriterium am Ende der Grobauswahl. Systeme, die ohne Berücksichtigung von Anpassungskosten bereits diese Grenzgröße überschreiten, werden dann eliminiert.

6. Aufgrund der vom Entscheidungsträger vorgenommenen Bildung und Bewertung der Ausprägungskombinationen läßt sich analog dem Maximalkostenbudget, das eine Oberschranke darstellt, ein Mindestnutzwert bilden, den die Systeme als Unterschranke überschreiten sollen. Dazu wird von jedem nicht mit Null gewichteten Merkmal jeweils der niedrigste Zielerfüllungsgrad herausselektiert, mit dem Merkmalsgewicht multipliziert und diese Produkte über alle Merkmale aufsummiert. Mit der Festlegung dieser Unterschranke sollen solche Systeme aus der weiteren Betrachtung ausgeklammert werden, die häufig nicht einmal das jeweilige Minimum eines Merkmals erreichen, so daß ein großer Anpassungsaufwand zu erwarten ist. Dieser Mindestnutzwert wird vom Auswahlverfahren errechnet und zur Verfügung gestellt.

Das Auswahlverfahren stellt ferner die Datenbank zur Verfügung, die

- die Hardwaregrößenklassenzuordnung der Systeme,
- die Standardsoftwareleistungen (Zielertragsmatrix),
- die Preislisten der Module und
- die Modulzuordnung zu den Merkmalen

beinhaltet.

Somit kann nunmehr mit Hilfe des Auswahlverfahrens das Nutzwert-Kosten-Diagramm erzeugt werden. Alternativen, deren Kosten größer als das Maximalkostenbudget oder deren Nutzwert kleiner als der Mindestnutzwert ist, werden aus der Menge der Alternativen ausgeschlossen.

Für die weitere Reduzierung der Alternativenmenge stehen prinzipiell drei Auswahlkriterien zur Verfügung:

1. das Kriterium der Nutzenmaximierung,
2. das Kriterium der Kostenminimierung und

3. das Kriterium der Wirtschaftlichkeitsmaximierung[1].
Das Kriterium der Nutzenmaximierung besagt, daß die Alternativen mit den höchsten Nutzwerten auszuwählen sind. Nach dem Kriterium der Kostenminimierung sind die kostengünstigsten Alternativen zu wählen. Die Wirtschaftlichkeitsmaximierung bezieht sich darauf, daß die Alternativen mit den höchsten Quotienten aus Nutzwert zu Kosten in Betracht zu ziehen sind.

An dieser Stelle ist der Entscheidungsträger gefordert, die Entscheidung für eines dieser drei Auswahlkriterien zu fällen. Dabei sind Vor- und Nachteile des jeweiligen Kriteriums mit zu berücksichtigen.

Das Nutzenmaximierungskriterium wird dann gewählt, wenn die von den noch nicht angepaßten Standardsoftwareversionen bereitgestellte Leistungsfähigkeit dem formulierten "Anforderungsprofil"[2] möglichst nahe kommen soll und die Kosten und die Wirtschaftlichkeit der Alternativen von untergeordneter Bedeutung sind.

Das Kostenminimierungskriterium wird dann gewählt, wenn der Höhe der Anschaffungskosten die höchste Bedeutung zugemessen wird und der Abdeckungsgrad des Anforderungsprofils und die Wirtschaftlichkeit der Alternativen als zweitrangig angesehen werden. Es wird dann herangezogen, wenn die Leistungsabdeckung den Mindestnutzwert erreicht oder übersteigt.

Das Wirtschaftlichkeitsmaximierungskriterium wird dann gewählt, wenn der Nutzwert pro Kosteneinheit möglichst hoch sein soll, wobei der absolute Betrag des Nutzwertes und der Kosten als zweitrangig angesehen werden.

---

[1] Die Wirtschaftlichkeit soll hier definiert sein als der Quotient aus Nutzwert und Kosten, das heißt N/K.

[2] Unter dem Begriff Anforderungsprofil sollen im folgenden die Bildung und die Bewertung der relevanten Ausprägungskombinationen sowie die Gewichtung des Zielsystems verstanden werden. Diese Festlegungen des Entscheidungsträgers beschreiben seine subjektive Präferenzstruktur.

An dieser Stelle muß grundsätzlich darauf hingewiesen werden, daß keines der drei Auswahlkriterien Nutzwert, Kosten oder Wirtschaftlichkeit in diesem Stadium eine zwingende Aussage darüber zuläßt,

- **inwieweit ein System anpaßbar sein wird, d.h. welche Nutzwertsteigerung möglich sein wird,**
- **wie hoch die Anpassungskosten sein werden, d.h. mit welcher Kostensteigerung zu rechnen sein wird,**
- **welche Wirtschaftlichkeit die Gesamtanpassung, d.h. der Quotient aus Nutzwertsteigerung zu Kostensteigerung, oder das angepaßte System, d.h. der Quotient aus Gesamtnutzwert zu Gesamtkosten aufweisen wird.**

Charakteristikum einer jeden Grobauswahlvorschrift ist jedoch ihre Heuristik, d.h. ein aufgrund der Erfahrung basierendes Vorgehen, das im allgemeinen eine gute, aber nicht notwendigerweise die optimale Lösung liefert. Demzufolge kann nicht ausgeschlossen werden, daß in der Grobauswahl eine Alternative eliminiert wird, die sich nach Durchführung der Feinauswahl als optimal erwiese. Durch die angewandte Heuristik wird die Wahrscheinlichkeit eines solchen Falles jedoch gering gehalten.

Es empfiehlt sich, nach folgender heuristischer Regel vorzugehen: Je niedriger der Nutzwert, um so wichtiger die Wirtschaftlichkeit.

6.2 Feinauswahl

Das Charakteristikum der Feinauswahl im vorliegenden Verfahren ist die Einbeziehung der Anpassungskosten für standardmäßig nicht angebotene Leistungsfähigkeiten der PPS-Standardsoftwareprodukte. Der Feinauswahl werden die fünf bis acht in der Grobauswahl ermittelten Systeme unterzogen.

Pro System werden vom Auswahlverfahren alle Ausprägungen ermittelt, die vom Standardsoftwareleistungsumfang nicht abdeckt werden und deren Abdeckung eine Nutzwertsteigerung, das heißt einen höheren Zielerfüllungsgrad, verursachen würde. Hierin sind auch noch nicht erfüllte K.O.-Merkmale enthalten.

Diese Ausprägungen werden für jedes System als Auszugsfragebogen aus dem Anforderungskatalog zusammengestellt und den betroffenen Anbietern zur Angabe der geschätzten Anpassungskosten pro Ausprägung, der erforderlichen Module sowie ihrer Preise zugeschickt - gegebenenfalls ist ein Modul dabei, das bei der Nutzwert-Kosten-Analyse für die PPS-Standardsoftware ohne Anpassungen nicht herangezogen wurde.

Die erhobenen Kosten werden in einer Kostenmatrix abgelegt, die die gleiche Struktur hat wie die Zielertragsmatrix.

In der Feinauswahlstufe des Auswahlverfahrens wird nun die Nutzwert-Kosten-Analyse schrittweise für die einzelnen Anpassungen durchgeführt, und dabei pro Anpassung die zugehörige Nutzwert- und Kostensteigerung ermittelt. Dies wird in zwei Arbeitsschritten durchgeführt.

Im ersten Arbeitsschritt werden alle K.O.-Merkmale angepaßt. Alternativen, bei denen nicht alle K.O.-Merkmale durch Anpassung behebbar sind, werden entsprechend gekennzeichnet. Im Nutzwert-Kosten-Diagramm werden die Alternativen mit ihrem Nutzwert- und Kostenzuwachs für die Anpassung der K.O.-Merkmale dargestellt.

Im zweiten Arbeitsschritt werden alle von den Anbietern als möglich bezeichneten und mit Anpassungskosten belegten Anpassungen mit Hilfe der Nutzwert-Kosten-Analyse zum nicht angepaßten Standardsystem hinzugerechnet. Hierbei kann der Entscheidungsträger zwischen zwei Varianten wählen.

Bei der ersten Variante wird pro Merkmal die Anpassung mit der größten Teilnutzwertsteigerung, das heißt der größten Steigerung des gewichteten Zielerfüllungsgrades, ausgewählt. Bei der zweiten Variante wird pro Merkmal die wirtschaftlichste Anpassung, das heißt diejenige mit dem größten Quotienten aus Teilnutzwertsteigerung zu zugehörigen Anpassungskosten, ausgewählt. Bei beiden Varianten werden die Anpassungen dann gemäß ihrer Wirtschaftlichkeit, das heißt, dem Quotienten aus Teilnutzwert und Anpassungskosten, geordnet, beginnend mit der höchsten Wirtschaftlichkeit.

Eine dritte Variante analog des Kostenminimierungskriteriums, diejenigen Anpassungen auszuwählen, die die geringsten Anpassungskosten verursachen, ist nicht sinnvoll anwendbar. Die geringsten Anpassungskosten sind nämlich nicht auftretende Kosten, das heißt, es würde keine einzige Anpassung ausgewählt.

Bei den beiden sinnvoll anwendbaren Möglichkeiten werden nun die Anpassungen nach der jeweils gebildeten Reihenfolge dem Nutzwert-Kosten-Stand der Alternativen nach der entsprechenden Beaufschlagung mit den K.O.-Merkmalen hinzugefügt. Diese sukzessive Anpassung wird sowohl im Nutzwert-Kosten-Diagramm dargestellt, als auch in einer Liste protokolliert, die

- Merkmalsnummer,
- zusätzliche Ausprägung(en),
- Teilnutzwertdifferenz,
- Wirtschaftlichkeit (Nutzwertsteigerung / Kostensteigerung) sowie
- Anpassungskosten

enthält.

Die endgültige Feinauswahl geschieht nunmehr entweder nach dem Nutzenmaximierungsprinzip oder nach dem Wirtschaftlichkeitsmaximierungsprinzip, je nachdem, welches Kriterium bei dem Anpassungsprozeß gewählt wurde.

6.3 Rechentechnische Realisierung

Aufgrund des aus 24 Alternativen und 229 Merkmalen resultierenden Umfanges des Zahlenmaterials und der auszuführenden Sortier-, Selektier- und Rechenoperationen wurde eine EDV-gestützte Version des Auswahlverfahrens entwickelt. Als Kriterium für eine EDV-technische Ausführung einer Nutzwertanalyse geben beispielsweise RINZA, SCHMITZ (1977, S. 84) folgende Bedingung an:

Alternativenanzahl [I] * Merkmalsanzahl [J] > 1000

Dieses Produkt ergibt sich im vorliegenden Fall mit I = 24 und J = 229 zu I * J = 5496 , damit wird der angegebene Schwellwert für eine EDV-Realisierung deutlich überschritten.

Die EDV-technische Realisierung des Auswahlverfahrens, die Datenerfassungen, Programmläufe und Diagrammerstellungen erfolgten mit Hilfe der Anwendungssoftware dBASE[R] und lotus 1-2-3[R] auf einem Personal Computer am Forschungsinstitut für Rationalisierung.

Mit der EDV-technischen Realisierung ist die Entwicklung des Verfahrens zur Auswahl von PPS-Standardsoftware unter Berücksichtigung der Softwareanpaßbarkeit abgeschlossen.

Bevor die Erprobung des Auswahlverfahrens beschrieben wird, soll zum Abschluß dieses Kapitels eine Gegenüberstellung zwischen dem in dieser Arbeit entwickelten Auswahlverfahren und dem "Feinauswahlverfahren für Standardsysteme der PPS" von BRIEF (1984) vorgenommen werden.

6.4 Unterschiede zum Verfahren von BRIEF

In diesem Abschnitt soll eine Gegenüberstellung des in dieser Arbeit neu entwickelten Auswahlverfahrens mit dem ebenfalls am Forschungsinstitut für Rationalisierung entwickelten Verfahren BAPSY (Bewertung und Auswahl von Produktionsplanungs- und -steuerungssystemen) (BRIEF 1984) vorgenommen werden. Das Verfahren von BRIEF wurde bisher in zahlreichen Unternehmen eingesetzt, davon fünfzehnmal durch den Verfasser dieser Arbeit. Dabei konnten zahlreiche Erfahrungen bei der Bewertung und Auswahl von PPS-Systemen gesammelt werden. Nicht zuletzt auf der Grundlage dieser Erfahrungen entstand das hier vorgelegte Auswahlverfahren. Aus diesem Grund soll eine Gegenüber-

stellung zwischen dem BRIEFschen Verfahren und dem in dieser Arbeit entwickelten Verfahren vorgenommen werden.

Die Unterschiede zwischen dem Verfahren von BRIEF und dem hier vorgestellten Auswahlverfahren sind in Abbildung 18 in einer Übersicht zusammenfassend dargestellt.

Vergleichs-aspekt	**Verfahren nach B R I E F**	**Verfahren nach M I E S S E N**
zugrundeliegende Methode	Nutzwertanalyse	Nutzwert-Kosten-Analyse
Softwarepreise	nicht berücksichtigt	berücksichtigt
Softwareanpaßbarkeit	nicht berücksichtigt	berücksichtigt
Struktur der Zielerträge	feste Ausprägungsstufen	variable Ausprägungskombinationen
Ordinalität der Zielerträge	ja: feste Rangfolge der Ausprägungsgungsstufen	nein: variable Rangfolge der Ausprägungskombinationen
Zielwerte	feste Zielwerte durch Expertenbefragung	variable Zielwertbildung durch Entscheidungsträger
Anspruchsniveau des Entscheidungsträgers	nicht berücksichtigt	berücksichtigt
Entscheidungskriterien	- Nutzenmaximierung	- Nutzenmaximierung - Kostenminimierung - Wirtschaftlichkeitsmaximierung

Abb. 18: Gegenüberstellung der Auswahlverfahren nach BRIEF und MIESSEN.

Im folgenden seien die in Abbildung 18 aufgeführten Unterschiede näher erläutert.

Während das BRIEFsche Verfahren auf der Nutzwertanalyse aufbaut, liegt dem hier entwickelten die Nutzwert-Kosten-Analyse zugrunde. Demzufolge berücksichtigt das BRIEFsche Verfahren nur die nicht-monetär bewerteten Leistungsfähigkeiten der PPS-Standardsoftwarepakete, während das hier entwickelte die für die Softwareleistungen aufzuwendenden Softwarekosten, d.h. Lizenzgebühren bzw. Anpassungskosten, als weitere Dimension in die Auswahlentscheidung einbringt.

Während BRIEF die Softwareanpaßbarkeit kaum berücksichtigt - es werden lediglich einige Auswertungsgeneratoren in Form von ja/nein-Informationen berücksichtigt[1] -, ist die Softwareanpaßbarkeit hier zum einen in einer Fülle von Merkmalen, zum anderen durch die Einbeziehung der Anpassungskosten in vollem Umfange Bestandteil des Auswahlverfahrens.

Im Hinblick auf die Struktur der Zielerträge arbeitet BRIEF mit festgelegten Ausprägungsstufen. Das Merkmal MM077 "Objekt der Verfügbarkeitsprüfung" im Rahmen der Fertigungsauftragsfreigabe (s. BRIEF 1984, S. 65) beispielsweise besitzt folgende Ausprägungsstufen:

1) keine,
2) Kapazität,
3) Material, Kapazität,
4) Material, Kapazität, Vorrichtungen und Werkzeuge,
5) Material, Kapazität, Vorrichtungen und Werkzeuge, Personal.

Die Abbildung eines Systems, das die Verfügbarkeit von Material sowie Vorrichtungen und Werkzeugen bietet, ist bei dieser starren Festlegung der Ausprägungsstufen nicht möglich. Genausowenig kann der Anwender die genannte Kombination zu seiner Wunschausprägung definieren, da die Ausprägungsstufen festgelegt sind.

Das entsprechende Merkmal im hier vorgelegten Auswahlverfahren, m192, besitzt die Ausprägungen

A) Kapazität,
B) Material,
C) Vorrichtungen und Werkzeuge,
D) Personal.

---

[1] vgl. MM021 in BRIEF 1984, S. 60.

Durch Kombinationen dieser Ausprägungen kann jedes System vollständig und korrekt abgebildet werden. Ferner kann jede Kombination dieser vier Ausprägungen vom Anwender als für ihn relevant definiert werden, denn das hier entwickelte Auswahlverfahren weist variable Ausprägungskombinationen auf.

Bei BRIEF besitzen die Ausprägungsstufen eine feste Reihenfolge, die nicht verändert werden kann: Ausprägungsstufe 4 (Material, Kapazität, Vorrichtungen und Werkzeuge) hat immer einen höheren Zielerfüllungsgrad als Ausprägungsstufe 3 (Material, Kapazität). Beim vorliegenden Auswahlverfahren ist die Reihenfolge der vom Anwender definierten Ausprägungskombinationen und damit auch die höchste gewünschte Ausprägungskombination frei festlegbar, hier könnte der Anwender beispielsweise die Kombination Material, Kapazität (also A + B) als höchstwertige Ausprägungskombination festlegen.

Desweiteren hat BRIEF die Zielerfüllungsgrade, also die den Zielerträgen zugeordneten Bewertungszahlen durch eine Expertenbefragung festgelegt. Im vorliegenden Beispiel sind dies:

1) 0 ,
2) 0,29 ,
3) 0,64 ,
4) 0,85 ,
5) 1,0 .

Beim hier vorgelegten Auswahlverfahren legt der Entscheidungsträger für seine individuell festgelegten Ausprägungskombinationen auch die Zielerfüllungsgrade selbst fest; er bestimmt die Nutzenfunktion für jedes Merkmal selbst entsprechend seiner individuellen Präferenzordnung.

Daraus folgt, daß das Anspruchsniveau des Entscheidungsträgers - z.B. 'die Ausprägungsstufe 3 reicht, die Ausprägungsstufen 4 und 5 sind für das Unternehmen nicht relevant' - im Gegensatz zum BRIEFschen Verfahren hier in vollem Umfange berücksichtigt werden kann.

Schließlich beinhaltet das BRIEFsche Verfahren als Entscheidungskriterium die Nutzenmaximierung: Es wird das System mit dem höchsten Nutzwert ermittelt. Das hier entwickelte Auswahlverfahren jedoch bietet zusätzlich die Möglichkeit, die Kostenminimierung und / oder die Wirtschaftlichkeitsmaximierung als Entscheidungskriterien heranzuziehen.

Zusammenfassend läßt sich feststellen, daß die Freiheitsgrade bei der Bildung und Berücksichtigung des anwenderindividuellen Anforderungsprofils und bei der Entscheidungsfindung in dem neu entwickelten Auswahlverfahren erheblich größer sind als in BRIEFs Verfahren.

7 Erprobung des Auswahlverfahrens in einem mittelständischen Maschinenbauunternehmen

Zum Nachweis seiner Praktikabilität und Effizienz (s. Abschnitt 4.3) wurde das Auswahlverfahren in einem mittelständischen Maschinenbauunternehmen angewendet.

7.1 Das Unternehmen

Das mittelständische Unternehmen aus der Maschinenbaubranche produziert sowohl komplette Walzanlagen für Nicht-Eisen-Metalle als auch Anlagenkomponenten wie Vorbereitungsstationen und Transporteinrichtungen, Beschichtungs- und Beizlinien, Kühlmittel- und Abluftreinigungsanlagen sowie zugehörige Systeme zur Steuerung, zur Banddicken- und Bandplanheitsregelung.

Das Unternehmen kann mit Hilfe der in Abbildung 19 gekennzeichneten betriebstypologischen Merkmalsausprägungen von SCHOMBURG (1980, S. 32 ff.) beschrieben werden.

Seit 1984 setzt das Unternehmen Standardsoftware für Teilgebiete der Produktionsplanung und -steuerung ein, die mit großem Aufwand aller beteiligten Mitarbeiter in großen Teilen im eigenen Hause angepaßt wurde. Eine Fülle noch durchzuführender Anpassungen am vorhandenen Softwarepaket veranlaßte die Unternehmensführung, eine Auswahl von PPS-Standardsoftwareprodukten durchzuführen, um festzustellen, welche Leistungsfähigkeiten bei welchen Kosten heutige am Markt angebotene für das Unternehmen besonders in Frage kommende Produkte aufweisen.

Merkmal	Merkmalsausprägung			
Erzeugnisspektrum	**Erzeugnisse nach Kundenspezifikation**	Typisierte Erzeugnisse mit kundenspezifischen Varianten	Standarderzeugnisse mit Varianten	Standarderzeugnisse ohne Varianten
Erzeugnisstruktur	Einteilige Erzeugnisse	Mehrteilige Erzeugnisse mit einfacher Struktur	**Mehrteilige Erzeugnisse mit komplexer Struktur**	
Auftragsauslösungsart	**Produktion auf Bestellung mit Einzelaufträgen**	Produktion auf Bestellung mit Rahmenaufträgen	Produktion auf Lager	
Dispositionsart	**Disposition kundenauftragsorientiert**	Disposition überwiegend kundenauftragsorientiert	Disposition überwiegend programmorientiert	Disposition programmorientiert
Beschaffungsart	Fremdbezug unbedeutend	Fremdbezug in größerem Umfang	**Weitestgehender Fremdbezug**	
Fertigungsart	Einmalfertigung	**Einzel- und Kleinserienfertigung**	Serienfertigung	Massenfertigung
Fertigungsablaufart	**Baustellenfertigung**	**Werkstattfertigung**	Gruppen-/Linienfertigung	Fließfertigung
Fertigungsstruktur	Fertigung mit geringer Tiefe	Fertigung mit mittlerer Tiefe	**Fertigung mit großer Tiefe**	

Abb. 19: Merkmalsausprägungen des Anwenderunternehmens.

7.2 Die Anwendung des Auswahlverfahrens

In Arbeitssitzungen mit Vertretern der jeweils tangierten Fachabteilung wurde der Anforderungskatalog (MIESSEN 1989; auszugsweise Darstellung im Anhang 1) Merkmal für Merkmal durchgearbeitet, die aus Unternehmenssicht relevanten Ausprägungskombinationen wurden gebildet und bewertet (s. Anhang 2 und 3), das Zielsystem wurde gewichtet (s. Anhang 4) und es wurden K.O.-Merkmale vergeben (s. Anhang 3). Einen Ausschnitt aus dem Anforderungsprofil zeigt Abbildung 20.

SNR	M	KO	GEW	AK	A	B	C	D	E	F	G	EFG	TENU
1	1		0.562500	1	2	1	2					0.70	0.393750
2	1		0.562500	2	2	2	1					0.70	0.393750
3	1		0.562500	3	1	2	2					1.00	0.562500
4	2	1	0.562500	1	1	1	1	2				1.00	0.562500
5	3	1	0.562500	1	1	1						1.00	0.562500
6	4		0.000000	1	2	2						0.00	0.000000
7	5	1	0.562500	1	1	2	2					0.50	0.281250
8	5	1	0.562500	2	2	2	1					0.50	0.281250
9	5	1	0.562500	3	2	1	2					1.00	0.562500
10	6		0.562500	1	2	2	2	1	2	2		1.00	0.562500
11	6		0.562500	2	2	2	2	2	2	1		1.00	0.562500
12	7		0.562500	1	1	2						1.00	0.562500
13	7		0.562500	2	2	1						1.00	0.562500
14	8	1	0.937500	1	2	2	1	2				1.00	0.937500
15	8	1	0.937500	2	2	2	2	1				1.00	0.937500
16	9		1.125000	1	1	2						1.00	1.125000
17	9		1.125000	2	2	1						1.00	1.125000
18	9		1.125000	3	1	1						1.00	1.125000
19	10	1	0.562500	1	2	1	2					0.50	0.281250
20	10	1	0.562500	2	2	2	1					1.00	0.562500
21	10	1	0.562500	3	2	1	1					1.00	0.562500

Abb. 20: Ausschnitt aus dem Anforderungsprofil (EDV-Output).

SNR bezeichnet die Satznummer in der Anforderungsdatei. Das Feld M referiert die Merkmalsnummer aus dem Anforderungskatalog. Wenn das jeweilige Merkmal zum K.O.-Merkmal deklariert wurde, wird das Feld KO mit "1" besetzt. Das Merkmalsgewicht wird im Feld GEW geführt. Das Feld AK enthält die Nummer der Ausprägungskombination, die pro Merkmal von 1 an hochgezählt wird. In den Feldern A, B, C, D, E, F, G werden die maximal 7 Ausprägungen eines Merkmals verschlüsselt. "1" bedeutet "Ausprägung erwünscht", "2" bedeutet "Ausprägung irrelevant". Im Feld EFG wird der Zielerfüllungsgrad der jeweiligen Ausprägungskombination eingegeben. Das Feld TENU (Teilnutzwert = gewichteter Zielerfüllungsgrad) wird durch das Rechenprogramm besetzt.

Die Merkmale, bei denen Zahlenwerte anzugeben waren, - wie beispielsweise m097 "Stellenzahl Teilenummer" - werden mit Hilfe eines Dialogprogrammes eingelesen. Die entsprechende Liste ist im Anhang 2 aufgeführt.

Im Hinblick auf die Vorselektion gemäß Hardwaregrößenklasse sollten nur Systeme einbezogen werden, die den Hardwaregrößenklassen 2 und 3 zugerechnet werden. Dadurch schieden vier Systeme aus.

Im weiteren erfolgt bei den Systemen, deren Modulpreise in Abhängigkeit der zugrunde gelegten Hardwaregrößenklassen variieren, pro Hardwaregrößenklasse eine Nennung. In diesem Fall ergibt sich durch diesen Umstand bei insgesamt 24 einbezogenen Systemen nach dem Wegfall von 4 Systemen eine verbliebene Zahl von 26 Systemalternativen.

Das Ergebnis der Grobauswahlrechnung mit dem Auswahlverfahren zeigt Tabelle 5, in graphischer Darstellung Abbildung 21.

Der aus dem Anforderungsprofil des Unternehmens errechnete Mindestnutzwert ergab sich zu 76,98 Punkten bei 100 maximal möglichen Punkten. Das Unternehmen verzichtete auf die Festlegung eines Maximalkostenbudgets.

Bei der vorgegebenen Grenzgröße blieben elf Systemalternativen übrig. Die Alternative Nr. 18 wurde jedoch wegen wesentlich höherer Kosten im Vergleich zu den übrigen Systemen eliminiert. Die verbliebenen zehn Alternativen, denen sieben Systeme zugrunde liegen, wurden alle der anschließenden Feinauswahl unterzogen.

ALTER- NATIVE NR.	--HWGK- 1 2 3 4	NUTZWERT	KOSTEN	N / K	ANZ. KO
1	0 1 0 0	69.3790	44000	1.577	2
2	0 1 1 0	32.4895	108000	0.301	5
3	0 1 0 0	65.6743	46000	1.428	4
4	1 1 1 0	89.8978	193880	0.464	2
5	0 1 0 0	90.5243	99000	0.914	5
6	0 1 0 0	90.5243	165000	0.549	5
7	0 0 1 0	90.5243	247500	0.366	5
8	0 1 1 0	68.3690	205100	0.333	4
9	0 1 1 0	86.6865	188500	0.460	1
10	0 1 1 1	73.7345	112700	0.654	3
11	0 1 0 0	87.1890	147100	0.593	1
12	1 1 1 0	79.4369	65400	1.215	2
13	1 1 0 0	50.2940	44200	1.138	9
14	0 1 1 0	71.5515	84000	0.852	3
15	0 1 1 1	64.8618	299230	0.217	3
16	0 1 0 0	81.3905	173600	0.469	2
17	0 0 1 0	81.3905	248000	0.328	2
18	0 1 1 1	77.8335	730000	0.085	1
19	0 0 1 0	98.1400	296000	0.332	0
20	0 1 0 0	72.9760	260000	0.281	5
21	0 0 1 0	72.9760	358500	0.204	5
22	0 1 1 1	48.0990	172000	0.280	3
23	0 1 0 0	68.1890	192000	0.355	3
24	0 0 1 0	68.1890	312000	0.219	3
25	0 1 0 0	72.0160	234600	0.307	5
26	0 0 1 0	72.0160	297000	0.242	5

Tab. 5: Tabellarisches Ergebnis der Grobauswahlrechnung.

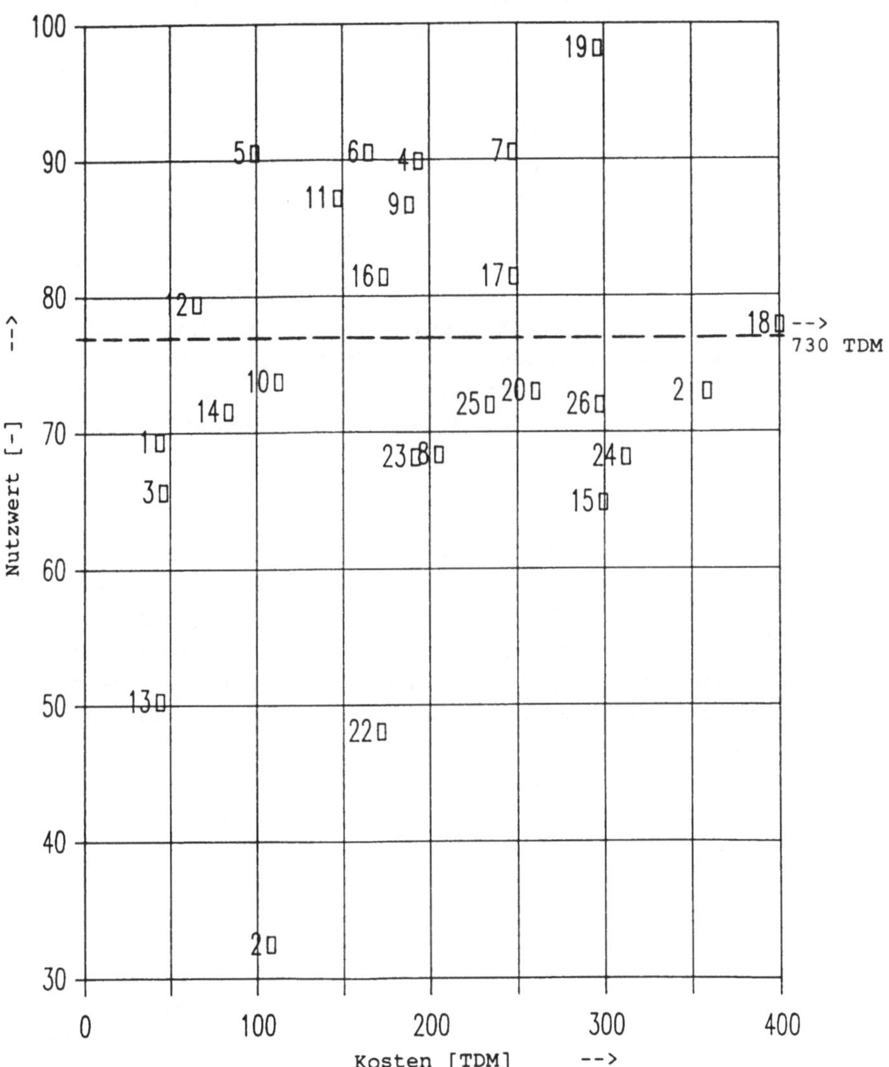

Abb. 21: Graphisches Ergebnis der Grobauswahlrechnung. (Die Nummern entsprechen denjenigen in Tabelle 5.)

Dazu wurden gemäß dem Anforderungsprofil die standardmäßig nicht abgedeckten, vom Unternehmen für relevant befundenen Ausprägungen pro System mit Hilfe eines Selektionsprogrammes des Auswahlverfahrens zusammengestellt, und die jeweils erforderlichen Anpassungskosten bei den Anbietern schriftlich erfragt. Da die Anbieter der Systemalternativen Nr. 5, 6 und 7 sich innerhalb der gesetzten Termine nicht in der Lage sahen, Angaben zu den erforderlichen Anpassungen abzugeben, konnten diese Alternativen der Feinauswahlstufe nicht unterzogen werden. Die erfragten Anpassungskosten der übrigen Alternativen wurden dem Auswahlverfahren zugeführt, mit dessen Feinauswahlstufe folgende Rechnungen durchgeführt wurden:

- die Nutzwert- und Kostenentwicklung der Systeme unter Berücksichtigung des Nutzenmaximierungsprinzips,
- die Nutzwert- und Kostenentwicklung der Systeme unter Berücksichtigung des Wirtschaftlichkeitsmaximierungsprinzips.

Tabelle 6 zeigt, welche Endnutzwerte und Endkosten die Systeme gemäß Nutzenmaximierungs- und Wirtschaftlichkeitsmaximierungsprinzip erzielen und listet auf, welche K.O.-Merkmale durch Anpassung behoben werden können bzw. welche nicht angepaßt werden können. Die graphische Darstellung dieser Ergebnisse zeigt Abbildung 22 bei Anwendung des Kriteriums der Nutzenmaximierung und Abbbildung 23 bei Anwendung des Kriteriums der Wirtschaftlichkeitsmaximierung. Die zugrunde liegenden Nutzwert- und Kostenentwicklungen der Systemalternativen sind in Anhang 5 zu finden.

Wie den Abbildungen 22 und 23 zu entnehmen ist, führt die Erfüllung der K.O.-Merkmale (von ca. 81,5 bis rund 82 Nutzwertpunkten und von 174 TDM bis ca. 300 TDM bzw. 248 TDM bis rund 420 TDM) bei den Alternativen Nr. 16 und 17 zur erheblichen Verteuerung der Systeme bei geringem Nutzwertzuwachs. Bei den Systemalternativen Nr. 4 und 12 hingegen bleibt die Erfüllung der K.O.-Merkmale finanziell im Rahmen der anderen Anpassungen.

Nr.	System-name	Standardsoftware ohne Anpassungen			Standardsoftw. m. Anpass., Nutzenmaximierungsprinzip			Standardsoftw. mit Anpass., Wirtschaftl.-maxim.-prinzip			Unterschiede zw. SSW ohne Anp. u. mit Anp., Wirt.-p.			KO-Merkm. durch Anpassung	
		N_S	K_S	W_S	N_N	K_N	W_N	N_W	K_W	W_W	N_{SW}	K_{SW}	W_{SW}	erfüllt	nicht erfüllt
4		89,90	194	4,64	94,50	453	2,0	94,50	430	2,19	4,58	237	0,193	m003	m002 abc
9		86,69	189	4,60	91,13	219	4,16	91,00	217	4,19	4,32	29	1,508		m144 ab
11		87,19	147	5,93	89,59	225	3,98	89,41	205	4,36	2,22	58	0,383		m002 abc
12		79,44	65	12,15	96,22	164	5,85	95,87	156	6,16	16,43	90	1,819	m005 m010	
16		81,39	174	4,69	86,63	605	1,43	86,18	560	1,54	4,79	386	0,124	m005 m010	
17		81,39	248	3,28	86,63	679	1,28	86,18	634	1,36	4,79	386	0,124	m005 m010	
19		98,18	296	3,32	98,89	304	3,25	98,89	304	3,25	0,75	8	0,897		
Dimensionen: [N] = - (Nutzwertpunkte) ; [K] = TDM ; [W] = 0,1 (Nutzwertpunkte) / TDM															

Erläuterung der genannten K.O.-Merkmale gemäß Anforderungskatalog (vgl. Anhang 1): m002 Nachträgliche Feldformatänderungen: a) Feldtypänderung, b) Feldlängenverkleinerung, c) Feldlängenvergrößerung. m003 Nachträgliche Satzaufbauänderungen: a) Eliminieren bestehender Felder aus dem Satzaufbau, b) Einfügen zusätzlicher Felder in den bestehenden Satzaufbau. m005 Datenreorganisation durch Systemprogramme: a) manuell anzustoßende Reorganisation, b) zyklische autom. Reorganisation, c) permanente autom. Reorganisation. m010 Ausführung des Wiederanlaufs: a) durch Operator ohne EDV-Unterstützung (Systemprogramme), b) durch Operator mit EDV-Unterst., c) automatisch / auto-restart. m144 Arten der Bedarfsermittlung: a) deterministisch (Stücklistenauflösung), b) stochastisch (verbrauchsgesteuert), c) Mischform aus deterministisch und stochastisch.

Tab. 6: Nutzwert-, Kosten- und Wirtschaftlichkeitsentwicklung in der Feinauswahlstufe.

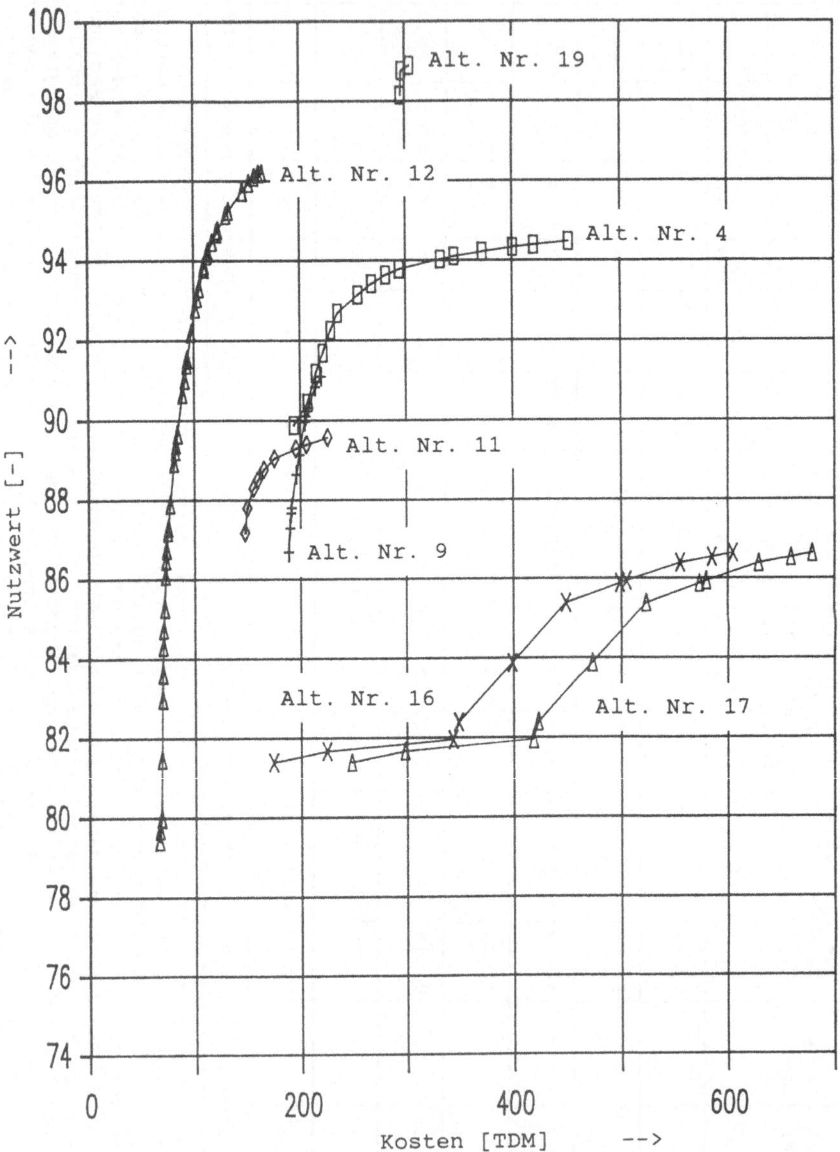

Abb. 22: Graphisches Ergebnis der Feinauswahl unter Anwendung des Nutzenmaximierungsprinzips.

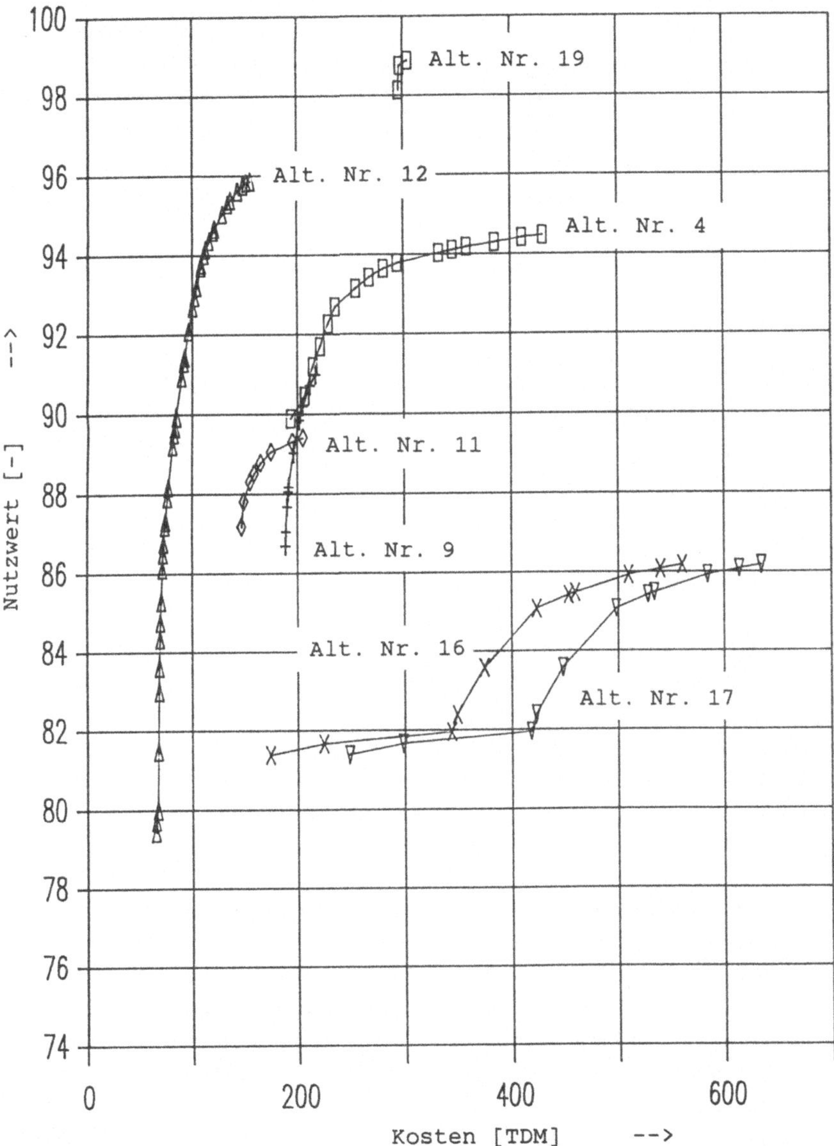

Abb. 23: Graphisches Ergebnis der Feinauswahl unter Anwendung des Wirtschaftlichkeitsmaximierungsprinzips.

Die Unterschiede zwischen den Ergebnissen nach dem Nutzenmaximierungsprinzip und dem Wirtschaftlichkeitsmaximierungsprinzip sind relativ gering, weil das vom Anwenderunternehmen formulierte Anforderungsprofil pro Merkmal häufig nur eine Ausprägungskombination enthält, so daß unabhängig vom gewählten Prinzip in beiden Fällen die gleiche Anpassung vom Auswahlverfahren ausgewählt wird.

Ohne Betrachtung der Kosten und der Anpassungen hätte sich folgende Rangreihe der Systeme ergeben (vgl. Tabelle 6, Spalte "Standardsoftware ohne Anpassungen"):

1. Alternative Nr. 19,
2. Alternative Nr. 4,
3. Alternative Nr. 11,
4. Alternative Nr. 9,
5. Alternativen Nr. 16 und 17 und
6. Alternative Nr. 12.

Unter Einbeziehung der Nutzwertsteigerung durch Anpassungen, jedoch ohne Berücksichtigung der Kosten verändert sich die Rangfolge erheblich in folgender Weise:

1. Alternative Nr. 19,
2. Alternative Nr. 12, (vorher 6.),
3. Alternative Nr. 4, (vorher 2.),
4. Alternative Nr. 9,
5. Alternative Nr. 11, (vorher 3.) und
6. Alternativen Nr. 16 und 17, (vorher 5.).

Wird nun noch die Kostendimension mitberücksichtigt, ergibt sich folgende Entscheidungsgrundlage. Während Alternative Nr. 12 einen Nutzwert von über 96 Punkten verzeichnet, liegt Alternative Nr. 19 mit rund 99 Nutzwertpunkten um gut 3 Punkte besser, ist jedoch mit über 300 TDM erheblich teurer als Alternative Nr. 12 mit rund 160 TDM. Alternative Nr. 4, ohne Anpassungen mit knapp 90 Punkten Nutzwert und 200 TDM Kosten an zweiter Stelle, erreicht durch Anpassung zwar einen Nutzwert von über 94 Punkten, wird jedoch mit über 450 TDM mehr als doppelt so teuer wie ohne Anpassungen.

Bei den Systemalternativen Nr. 9 und 11 ergibt sich eine Umkehrung der Rangreihe durch eine Überschneidung der Entwicklungskurven (vgl. Abbildungen 22 und 23): während Alternative Nr. 9 gegenüber Alternative Nr. 11 im nicht angepaßten Zustand einen niedrigeren Nutzwert und höhere Kosten aufweist, erreicht es im angepaßten Zustand einen deutlich höheren Nutzwert bei geringfügig niedrigeren Kosten. Hier stellt sich der Fall ein, daß Alternative Nr. 9 offensichtlich bei diesem Anforderungsprofil einen besseren Vorbereitungsgrad für erforderliche Anpassungen aufweist als Alternative Nr. 11.

Am schlechtesten schneiden die Alternativen Nr. 16 und 17 ab: sie verzeichnen zwar eine erhebliche Nutzwertsteigerung allerdings in Begleitung einer Verdreifachung der Kosten.

Die Berücksichtigung der auch im angepaßten Zustand nicht erfüllten K.O.-Merkmale führt zum Ausschluß der Systemalternativen Nr. 4, 9 und 11, die jeweils ein K.O.-Merkmal nicht erfüllen können (vgl. Tabelle 6).

Auf Basis dieser Entscheidungsgrundlage wurde folgende Auswahlempfehlung vorgenommen:

Aufgrund des recht hohen Nutzwertes von über 96 Punkten und der geringsten Kosten von rund 160 TDM steht die Systemalternative Nr. 12 auf dem ersten Rangplatz. An zweiter Stelle ist Alternative Nr. 19 (höherer Nutzwert, aber erheblich höhere Kosten) anzusiedeln. Mit größerem Abstand folgen die Alternativen Nr. 16 und 17, unabhängig davon, ob die Kosten auf Basis einer Hardwareanlage der Größenklasse 2 (Nr. 16) oder 3 (Nr. 17) zugrundegelegt werden.

Mit dieser exemplarischen Anwendung des in dieser Arbeit entwickelten Auswahlverfahrens wurden seine Praktikabilität und seine Effizienz unter Beweis gestellt.

8 Zusammenfassung und Ausblick

Viele Produktionsbetriebe werden zunehmend gezwungen, komplexere und individueller auf den jeweiligen Kunden ausgerichtete Produkte bei kürzeren Lieferzeiten und verminderter Kapitalbindung herzustellen, um am Markt wettbewerbsfähig zu bleiben. Aufgrund der Einsicht, nur durch eine verbesserte und effizientere Produktionsplanung und -steuerung diesem Wettbewerbsdruck standhalten zu können, wird in vielen Unternehmen die Entscheidung gefällt, zur Unterstützung der Produktionsplanungs- und -steuerungsaufgaben ein geeignetes Standardsoftwareprodukt auszuwählen und zum Einsatz zu bringen.

Bislang existierende Auswahlhilfen und -verfahren können in dieser Situation nur teilweise Hilfestellung leisten, weil sie der heutigen Auswahlproblematik nicht mehr vollständig entsprechen. Sie werden nämlich der zunehmenden Flexibilität und Anpassungsfreundlichkeit der PPS-Standardsoftwareprodukte nicht gerecht.

Vor diesem Hintergrund war es das Ziel der vorliegenden Arbeit, ein praxisgerechtes Auswahlverfahren für Standardsoftwareprodukte zur Produktionsplanung und -steuerung zu entwickeln, das diesem Trend zu verstärkter Flexibilität und Anpassungsfähigkeit der Systeme durch eine besondere Berücksichtigung der Softwareanpaßbarkeit gerecht wird.

Softwareanpaßbarkeit wird durch Verwendung und Integration von Anpassungshilfsmitteln in die Standardsoftware realisiert. Im hier entwickelten Auswahlverfahren wurde die Softwareanpaßbarkeit methodisch durch zwei Ansätze berücksichtigt.

Auf Basis einer Bestandsaufnahme von in dreißig PPS-Standardsoftwareprodukten verwendeten Anpassungshilfsmitteln konnte entschieden werden, diejenigen Anpassungshilfsmittel durch geeeignete Merkmale und Ausprägungen beschreib- und bewertbar zu machen, die den Charakter von Softwarewerkzeugen besitzen (List-, Selektions-, Sortier-, Maskengenerator sowie Endbenutzersprache als Datenbankabfragesprache).

Um die übrigen Anpassungshilfsmittel einer Bewertung im Auswahlverfahren zuzuführen, wurde der Anpassungsaufwand zur Abdeckung der vom Auswählenden aufgestellten Anforderungen als geeignetes Maß für die Softwareanpaßbarkeit ermittelt. Der Anpassungsaufwand wird durch Anpassungskosten ausgedrückt, die der jeweilige Softwareanbieter zu benennen hat.

Dem Auswahlverfahren wurde die Methode der Nutzwert-Kosten-Analyse zugrundegelegt, die aus einer Nutzwertanalyse und einer parallel dazu ablaufenden Kostenanalyse besteht.

Zum Aufbau der Nutzwertanalyse wurde ein geeignetes Zielsystem von Ober- und Unterzielen sowie Merkmalen aufgestellt, das mit Experten aus Forschung und Praxis abgestimmt und auf Redundanz überprüft wurde. Im nächsten Schritt wurden die Alternativen zusammengestellt. Es konnten vierundzwanzig verschiedene PPS-Standardsoftwareprodukte einbezogen werden, wobei dem Auswahlverfahren jederzeit weitere Alternativen zugeführt werden können. Jedes Merkmal des Zielsystems wurde in bis zu sieben Ausprägungen unterteilt, die gegebenfalls einzeln oder auch in Kombination (Ausprägungskombination) erfüllt sein können. Jedem erfaßten Standardsoftwareprodukt wurden gemäß seiner Leistungsfähigkeit die von ihm abgedeckten Ausprägungen zugeordnet (Zielertragsmatrix). Im Rahmen der Festlegung der Zielerfüllungsgrade ist es die Aufgabe der Auswählenden, jeder für sie relevanten Ausprägungskombination pro Merkmal einen der von ihnen zugewiesenen Bedeutung entsprechenden Punktwert zwischen 0 und 1.0 zuzuweisen. Über die Vergabe von Gewichten an die Ziele im Zielsystem können die Bedeutungen der einzelnen Merkmale und Ziele relativ zueinander vom Auswählenden ausgedrückt werden. Die Einhaltung der Merkmalsreliabilität wurde durch die Vorgehensweise bei der Entwicklung der Nutzwertanalyse gewährleistet, die der Beurteilerreliabilität wird durch die Vorgehensweise bei der Festlegung der relevanten Ausprägungskombinationen und Zielerfüllungsgrade im Arbeitskreis des auswählenden Unternehmens sichergestellt.

Die parallel zur Nutzwertanalyse ablaufende Kostenanalyse wurde so aufgebaut, daß sie die Kosten der durch die jeweilige Anforderung angesprochenen Softwaremodule aufsummiert und bei über die Standardleistungsfähigkeit des Softwareproduktes hinausgehenden Anforderungen die Anpassungskosten hinzuaddiert. Dementsprechend wird parallel in der Nutzwertanalyse der Zielerfüllungsgrad bezüglich des betroffenen Merkmals verändert.

Da die Anpassungskosten nicht für alle im Auswahlverfahren erfaßten Systeme und alle nicht im Standardleistungsumfang abgedeckten möglichen Anforderungen bei den Softwareanbietern erhoben werden können, wurde das Auswahlverfahren in zwei Stufen gegliedert: die Grobauswahl und die Feinauswahl.

In der Grobauswahlstufe werden alle von der Zugehörigkeit zu den gewünschten Hardwaregrößenklassen in Frage kommenden PPS-Standardsoftwareprodukte ohne die Einbeziehung von Anpassungskosten einer Nutzwert-Kosten-Analyse unterzogen, die den Nutzwert der nicht angepaßten Standardsoftware und die Kosten aller aufgrund der Anforderungen des Auswählenden benötigten Standardsoftwaremodule zum Ergebnis hat. Ein Mindestnutzwert und das Maximalkostenbudget sowie die wahlweise anwendbaren Auswahlkriterien Nutzenmaximierung, Kostenminimierung und Wirtschaftlichkeitsmaximierung führen zu einer Reduzierung der Alternativen auf eine Gruppe von fünf bis acht Systemen.

In der Feinauswahlstufe werden für die verbliebenen fünf bis acht Alternativen die Anpassungskosten zur Abdeckung der in der jeweiligen spezifischen Auswahlsituation standardmäßig nicht erfüllten Anforderungen von den Anbietern erfragt und in einer Kostenmatrix pro System erfaßt. Die Nutzwert-Kosten-Analyse der Feinauswahlstufe ermittelt nun pro Anpassung die Nutzwert- und Kostensteigerung. Verschiedene Anpassungen pro Merkmal werden wahlweise nach dem Prinzip der Nutzenmaximierung oder nach dem Prinzip der Wirtschaftlichkeitsmaximierung ausgewählt. Abschließend werden alle Anpassungen, ausgehend vom Nutzwert und den Kosten des Standardsoftwareleistungsumfanges geordnet: zunächst stehen die Anpassungen der K.O.-Merkmale, sodann die übrigen Anpassungen in der Reihenfolge abnehmender Wirtschaftlichkeit. Aufgrund dieser Entwicklungskurve kann die mögliche Verbesserung jeder Alternative hinsichtlich des Anforderungsprofils graphisch im Nutzwert-Kosten-Diagramm dargestellt werden. Diese Darstellung bildet die Entscheidungsgrundlage für die Auswahl des Favoriten.

Aufgrund der Anzahl zu verarbeitender Informationen wurde das Auswahlverfahren in einer EDV-gestützten Version entwickelt.

Zum Nachweis seiner Praktikabilität und Effizienz wurde es in einem mittelständischen Maschinenbauunternehmen erprobt. Die Ergebnisse zeigten die Güte der durch das Auswahlverfahren geschaffenen Entscheidungsgrundlage und verdeutlichten die Informationsverbesserung gegenüber bisherigen Verfahren.

Das entwickelte Auswahlverfahren stellt für Unternehmen, die in der heutigen Zeit ein PPS-Standardsoftwareprodukt auswählen müssen oder wollen und dabei auch das Kriterium Softwareanpaßbarkeit nicht außer acht lassen wollen, eine wertvolle Unterstützung dar, die sie in die Lage versetzt, systematisch und zielgerichtet unter einem Minimum an Aufwand eine fundierte Auswahlentscheidung zu treffen. Die Methodik des vorgelegten Auswahlverfahrens läßt sich darüberhinaus durch dementsprechenden Austausch des Zielsystems und der erfaßten Alternativen auf Standardsoftwareprodukte für andere Bereiche der betrieblichen und öffentlichen Datenverarbeitung übertragen.

9 Literaturverzeichnis

Adam, B.: Kriterien zur Auswahl von Datenbank-Systemen. In: Online, Köln 14 (1976) 11, S. 704 - 707.

Albien, E.: Auswählen und Einführen von Rechnersystemen zum Zeichnen und Fertigen. In: Maschinenmarkt, Würzburg 90 (1984) 22, S. 508 - 511.

AWF (Hrsg.): Integrierter EDV-Einsatz in der Produktion. CIM - Computer Integrated Manufacturing - Begriffe, Definitionen, Funktionszuordnungen. Hrsg.: AWF - Ausschuß für wirtschaftliche Fertigung. Eschborn 1985.

Bechmann, A.: Die Nutzwertanalyse der zweiten Generation: Unsinn, Spielerei oder Weiterentwicklung? In: Raumforschung und Raumordnung, Köln (1980) 4, S. 167 - 173.

Beckendorff, U.; Kluge, H.; Schaele, M: Anwendergerechte Software für die Arbeitsplanung. In: Industrieanzeiger, Leinfelden-Echterdingen 108 (1986) 32, S. 43 - 44.

Bender, N.: Auswahl eines Computersystems nach der Nutzwertanalyse. In: FB/IE - Fortschrittliche Betriebsführung und Industrial Engineering, Darmstadt 27 (1978) 6, S. 39 - 40.

Brauchlin, E.: Problemlösungs- und Entscheidungsmethodik. Eine Einführung. Bern u.a. 1978.

Bresser, P.: Personalbedarf in der Arbeitsplanung. Hrsg.: R. Hackstein, Forschungsinstitut für Rationalisierung - FIR -Aachen. Berlin u.a. 1985.

Brezski, E.; Kauchy, G.; Niedereichholz, J.: Ein anwenderorientiertes Auswahlverfahren für Endbenutzersprachen. In: Information Management, München (1987) 1, S. 28 - 34.

Brief, U.: Entwicklung und Erprobung eines EDV-gestützten Verfahrens zur Feinauswahl von Standardsystemen der Produktionsplanung und -steuerung im Maschinenbau. Diss. RWTH Aachen, 1984. (Forschungsinstitut für Rationalisierung - FIR - Aachen.)

Brief, U.; Kittel, Th.; Speith, G.: PPS-Systeme auf dem Prüfstand. Aktualisierter und erweiterter Leistungsvergleich von Produktionsplanungs- und -steuerungssystemen. In: AV - Die Arbeitsvorbereitung, München 20 (1983) 3, S. 67 - 75. (Forschungsinstitut für Rationalisierung - FIR - Aachen.)

Brockhaus, F.A. (Hrsg.): Der Große Brockhaus in zwölf Bänden. Hrsg.: F.A. Brockhaus. Bd. 1: A - BEF. 18. Auflage. Wiesbaden 1977.

Bullinger, H.J.; Dangelmaier, W.; Hichert, R.: Wie beurteilt man Software zur Termin-, Kapazitäts- und Kostenplanung. In: Computer-Praxis, München 7 (1974) 4, S. 96 - 105.

Driedger, G.: Ungleiche Brüder. Nutzwertanalyse vereinfacht Wahl eines Computersystems. In: Maschinenmarkt, Würzburg 92 (1986) 41, S. 72 - 76.

Dworatschek, S.: Grundlagen der Datenverarbeitung. 7. Auflage. Berlin u.a. 1986.

Ellenrieder, J.: Marktübersicht Datenbanksysteme. In: Mega, München 1 (1986) 10, S. 40 - 43.

Ellinger, Th.; Wildemann, H.: Planung und Steuerung der Produktion aus betriebswirtschaftlich-technologischer Sicht. Wiesbaden 1978.

Förster, H.-U.; Miessen, E.D.: Computergestützte Produktionsplanungs- und -steuerungssysteme: Funktionen, Marktangebot und Einführungsstrategie. In: CIM Management, München 2 (1986) 4, S. 6 - 17. (Forschungsinstitut für Rationalisierung - FIR - Aachen.)

Förster, H.-U.; Miessen, E.D.; Loeffelholz, F. Frhr.v.; Roos, E.: Marktspiegel PPS-Systeme auf dem Prüfstand. Aktualisierter Leistungsvergleich von Standardsystemen zur Produktionsplanung und -steuerung (PPS). Hrsg.: R. Hackstein, Forschungsinstitut für Rationalisierung - FIR - Aachen. 2. Auflage. Köln 1987.

Frank, J.: Standard-Software. Kriterien und Methoden zur Beurteilung und Auswahl von Software-Produkten. 2. Auflage. Köln-Braunsfeld 1980.

Frieling, E.: Psychologische Probleme der Arbeitsanalyse. Dargestellt an Untersuchungen zum Position Analysis Questionaire (PAQ). Diss. München 1974.

Geitner, U.W.: Auswahlkriterien und Einführungsstrategie für PPS. In: io Management-Zeitschrift, Zürich 55 (1986) 6, S. 226 - 270.

Gerberich, C.W.: Methoden zur Auswahl von Standard-Software-Paketen der Kostenrechnung. In: krp - Kostenrechnungs-Praxis, Wiesbaden (1983) 4, S. 183 - 196.

Grabowski, H.; Eigner, M.; Hahn, H.D.: Auswahl und Einführung von schlüsselfertigen CAD-Systemen. In: FB/IE - Fortschrittliche Betriebsführung und Industrial Engineering, Darmstadt 29 (1980) 3, S. 149 - 162.

Grob, H.L.: Fallstudie zur Nutzwertanalyse. In: WiSt - Wirtschaftswissenschaftliches Studium, München 14 (1985) 3, S. 150 - 153.

Grupp, B.: Minis und Mikros. Systeme zum Planen und Steuern der Produktion in mittleren Betrieben sorgfältig auswählen. In: Maschinenmarkt, Würzburg 93 (1987) 35, S. 62 - 65.

Hackstein, R.: Produktionsplanung und -steuerung (PPS). Ein Handbuch. Düsseldorf 1984. (Forschungsinstitut für Rationalisierung - FIR - Aachen.)

Hackstein, R.: **Fortschritte und Hemmnisse beim Einsatz Neuer Technologien. In: Einsatz Neuer Technologien aus arbeits- und betriebsorganisatorischer Sicht, Fortschritte und Hemmnisse. Hrsg.: R. Hackstein, Forschungsinstitut für Rationalisierung - FIR - Aachen. Köln 1987.**

Hackstein, R.; Brief, U.: Auswahl von Standardsystemen der PPS mit Hilfe der Nutzwertanalyse. In: Planung und Produktion, Heiden 34 (1986) 1, S. 3 - 7. (Forschungsinstitut für Rationalisierung - FIR - Aachen.)

Hammer, R.; Hübner, H.; Kritzler, Th.; Schwertler, W.: Die optimale Lenkung der Produktion. Beiträge zur angewandten Betriebswirtschaftslehre, Bd. 5. München 1979.

Hax, H,; Laux, H.: Flexible Planung - Verfahrensregeln und Entscheidungsmodelle für die Planung bei Ungewißheit. In: ZfbF - Zeitschrift für betriebswirtschaftliche Forschung, Opladen 24 (1972), S. 318 - 340.

Heinen, E.: Das Zielsystem der Unternehmung. Schriftenreihe Betriebswirtschaft in Forschung und Praxis, Bd. 5. Wiesbaden 1966.

Horváth, P.; Mayer, R.: Produktionswirtschaftliche Flexibilität. In: WiSt - Wirtschaftswissenschaftliches Studium, München 15 (1986) 2, S. 69 - 76.

Horváth, P.; Petsch, M.: Standard-Anwendungssoftware für die Kosten- und Leistungsrechnung. In: Angewandte Informatik, Wiesbaden 23 (1981) 12, S. 513 - 518.

Jasper, Th.: Nutzwertanalyse zur Auswahl eines CAD/-CAM-Systems für den Werkzeugmaschinenbau. In: ZwF-CIM - Zeitschrift für wirtschaftliche Fertigung und Automatisierung, München 81 (1986) 8, S. 426 - 429.

Kirsch, W.; Börsig, C.; Englert, G.: Standardisierte Anwendungssoftware in der Praxis. Empirische Grundlagen für Gestaltung und Vertrieb, Beschaffung und Einsatz. Berlin 1979.

Kittel, Th.: Produktionsplanung und -steuerung im Klein- und Mittelbetrieb. Chancen und Risiken des EDV-Einsatzes. Grafenau / Württ. 1982.

Kittel, Th.: Beitrag zur Aktualisierung von Planungsdaten EDV-gestützter Produktionsplanungs- und -steuerungssysteme auf der Basis EDV-maschinell erfaßter Betriebsdaten. Diss. RWTH Aachen 1983. (Forschungsinstitut für Rationalisierung - FIR - Aachen.)

Kittel, Th.: Wirksamkeit von PPS-Systemen anhand von Kennzahlen. Baustein S.1.6.4. In: PPS-Fachmann. Grundlagen, Planung, Steuerung. Hrsg.: RKW - Rationalisierungskuratorium der deutschen Wirtschaft. Bd. 5: Steuerung. Köln 1987, S.1.6.4, S. 1 - 33. (Forschungsinstitut für Rationalisierung - FIR - Aachen.)

Knolmayer, G.; Disterer, G.: 4GL-Vergleich. An einem Beispiel aus dem Berichtswesen. In: Computer Magazin, Stuttgart (1987) 7/8, S. 41 - 47.

Koreimann, D.S.: Lexikon der angewandten Datenverarbeitung. Berlin u.a. 1977.

Kuba, R.: Tips zur Einführung von CAD. In: io Management-Zeitschrift, Zürich 55 (1986) 6, S. 284 - 289.

Kurbel, K.: Zur Modularität von PPS-Systemen im Produktionsbereich. In: Angewandte Informatik, Wiesbaden 25 (1983) 6, S. 229 - 239.

Kurth, J.: Nutzwertanalyse als Entscheidungshilfe bei der Auswahl von NC-Programmiersystemen. In: ZwF - Zeitschrift für wirtschaftliche Fertigung, Freiburg u.a. 67 (1972) 10, S. 509 - 517.

Lienert, G.A.: Testaufbau und Testanalyse. 3. Auflage. Weinheim u.a. 1969.

Martin, J.; McClure, C.: Buying software off the rack. In: Harvard Business Review, New York 61 (1983) 6, S. 32 - 60.

Miessen, E.: Anforderungskatalog des Auswahlverfahrens für Standardsoftware zur Produktionsplanung und -steuerung unter besonderer Berücksichtigung der Softwareanpaßbarkeit.
Unveröffentlichte Arbeitsunterlage.
Forschungsinstitut für Rationalisierung - FIR - Aachen.
Aachen 1989.

Miessen, E.; Büdenbender, W.; Strack, M.: Beurteilung der Wirtschaftlichkeit.
Baustein S.3.2.
In: PPS-Fachmann. Grundlagen, Planung, Steuerung.
Hrsg.: RKW - Rationalisierungskuratorium der deutschen Wirtschaft.
Bd. 5: Steuerung.
Köln 1987, S.3.2, S. 1 - 62.
(Forschungsinstitut für Rationalisierung - FIR - Aachen.)
Zitiert als 1987a.

Miessen, E.; Loeffelholz, F. Frhr.v.; Roos, E.: Marktstudie: 76 PPS-Systeme im Vergleich.
In: CIM Management, München 3 (1987) 3, S. 53 - 65.
(Forschungsinstitut für Rationalisierung - FIR - Aachen.)
Zitiert als 1987b.

Niesing, H.: Auswahlkriterien für Datenbanksoftware.
In: adl-nachrichten, Kiel 21 (1976) 99, S. 14 - 18.

Nissing, Th.: Beitrag zur Entwicklung eines dezentralen Produktionsplanungs- und -steuerungssystems auf der Basis verteilter Datenbestände.
Diss. RWTH Aachen 1982.
(Forschungsinstitut für Rationalisierung - FIR - Aachen.)

N.N. (1984): Die richtige Softwareauswahl für Klein- und Mittelbetriebe.
In: Büro & EDV, Aachen 35 (1984) 3, S. 30 - 39.

N.N. (1985): PIUSS: Das PPS-System der Zukunft.
In: miniMicro magazin - Zeitschrift für die professionelle Computertechnik, Heidelberg (1985) 12, S. 18.

Noll, M.; Flottau, V.: Ein Leitfaden zur Auswahl von Standardsoftware. Entscheidungsschritte für kommerzielle Anwendungen. In: Büroforum '86 - Informationsmanagement für die Praxis. Hrsg.: H.-J. Bullinger. Berlin u.a. 1986, S. 505 - 535.

Nussbaum, R.: Kosten und Nutzen von Standardsoftware. In: Output, Goldach 12 (1983) 10, S. 51 - 58.

Österle, H.: Änderungsfreundlichkeit kommerzieller Anwendungsprogramme. In: Gesellschaft für Informatik - 6. Jahrestagung. Hrsg.: E.J. Neuhold. 1976, S. 195 - 210.

Pählig, A.; Edinger, F.: Auswahl von Standardsoftware. In: ZwF - Zeitschrift für wirtschafliche Fertigung, München 78 (1983) 4, S. 183 - 184.

Pitra, L.: Entwicklung und Erprobung eines Instrumentariums zur Auswahl von rechnergestützten Systemen zur Grobplanung der Produktion. Diss. RWTH Aachen 1982. (Forschungsinstitut für Rationalisierung - FIR - Aachen.)

Plammer, A.: Wie rechtfertige ich die Einführung von CAD-Systemen? In: io Management-Zeitschrift, Zürich 56 (1987) 3, S. 144 - 146.

Reichwald, R.; Behrbohm, P.: Flexibilität als Eigenschaft produktionswirtschaftlicher Systeme. In: ZfB - Zeitschrift für Betriebswirtschaft, Wiesbaden 53 (1983) 9, S. 831 - 853.

Rinza, P.; Schmitz, H.: Nutzwert-Kosten-Analyse. Eine Entscheidungshilfe zur Auswahl von Alternativen unter besonderer Berücksichtigung nichtmonetärer Bewertungskriterien. Düsseldorf 1977. (VDI-Taschenbücher T 51.)

Roos, E.; Förster, H.-U.; Loeffelholz, F. Frhr.v.; Marktspiegel PPS-Systeme auf dem Prüfstand. Praxisorientierter Leistungsvergleich von Standardsystemen zur Produktionsplanung und -steuerung (PPS). Hrsg.: R. Hackstein, Forschungsinstitut für Rationalisierung - FIR - Aachen. 3. Auflage. Köln 1988. (Forschungsinstitut für Rationalisierung - FIR - Aachen.)

Schäfer, E.: Der Industriebetrieb. Betriebswirtsschaftslehre auf typologischer Grundlage. 2. Auflage. Wiesbaden 1978.

Scheer, A.-W.: Standard-Anwendungs-Software. In: Data Report, München 17 (1982) 2, S. 9 - 13.

Scheer, A.-W.: Stand und Trends der computergestützten Produktionsplanung und -steuerung (PPS) in der Bundesrepublik Deutschland. In: ZfB - Zeitschrift für Betriebswirtschaft, Wiesbaden 53 (1983) 2, S. 138 - 155.

Schomburg, E.: Entwicklung eines betriebstypologischen Instrumentariums zur systematischen Entwicklung der Anforderungen an EDV-gestützte PPS-Systeme im Maschinenbau. Diss. RWTH Aachen 1980. (Forschungsinstitut für Rationalisierung - FIR - Aachen.)

Schulze, H.H.: Das RORORO Computer Lexikon. Schwierige Begriffe einfach erklärt. Hrsg.: L. Moos, M. Waffender. Reinbek bei Hamburg, 1986.

Schwatlo, W.; Bodem, H.; Baron, R.: Wirtschaftlichkeit der Betriebsdatenerfassung. In: Erfolg, Bad Wörishofen 35 (1986) 12, S. 38 - 47.

Speith, G.: Vorgehensweise zur Beurteilung und Auswahl von Produktionsplanungs- und -steuerungssystemen für Betriebe des Maschinenbaus. Diss. RWTH Aachen 1982. (Forschungsinstitut für Rationalisierung - FIR - Aachen.)

Speith, G.; Kittel, Th.; Brief, U.: PPS-Systeme auf dem Prüfstand. Leistungsvergleich von Produktionsplanungs- und -steuerungssystemen für kleine und mittlere Unternehmen. In: AV - Die Arbeitsvorbereitung, München 18 (1981) 4, S. 113 - 122. (Forschungsinstitut für Rationalisierung - FIR - Aachen.)

Spillmann, H.: Beurteilung modularer EDV-Anwendungsprogramme. Dargestellt am Beispiel Produktionsplanung und -steuerung. In: Industrielle Organisation, Zürich 42 (1973) 9, S. 388 - 392.

Steinke, D.: Standard-Anwender-Software. Darstellung und Beurteilung kommerzieller Datenverarbeitungsprogramme aus organisatorischer Sicht. Hrsg: S. Hellfors. Berlin 1979.

Strack, M.: Organisatorische Gestaltung einer zentralen Werkstattsteuerung. Hrsg.: R. Hackstein, Forschungsinstitut für Rationalisierung - FIR - Aachen. Berlin u.a. 1987.

Sun, Y.-S.: Nutzwertanalyse-orientierter Kriterienkatalog zur CAD-Systemauswahl. Orientierung für die CAD-Praxis. In: CIM Management, München 2 (1986) 1, S. 6 - 12.

Tietze, R.: Analytische Betrachtungen bei der Auswahl eines EDV-Systems. In: adl-nachrichten, Kiel 18 (1973) 80, SS.

VDMA (Hrsg.): Projektgruppe KRABAS. Kriterien für die Auswahl und Beurteilung von Anwendungssoftware. Hrsg.: VDMA - Verein deutscher Maschinenbau-Anstalten. Frankfurt/M.-Niederrad 1973.

Virnich, M.: Es gibt mehr als hundert PPS-Systeme. Wie finde ich als Anwender das richtige für meinen Betrieb? In: Tagungsband zum Kongreß 'PPS 85' in Böblingen, 6. - 8. November 1985. Hrsg.: AWF - Ausschuß für wirtschaftliche Fertigung. Eschborn 1985. (Forschungsinstitut für Rationalisierung - FIR - Aachen.)

Volberg, K.:	**Zur Problematik der Flexibilität der menschlichen Arbeit. Betriebswirtschaftliche Schriften zur Unternehmensführung, Bd. 31: Personalwesen. Düsseldorf 1981.**
Wagner, H.-P.; Knolmayer, G.; Disterer, G.:	Werkzeuge zur Individuellen Datenverarbeitung. Planungs- und 4. Generationssprachen im Vergleich. In: Computer Magazin, Stuttgart (1987) 7/8, S. 39 - 40.
Weingärtner, J.:	Entwicklung eines Instrumentariums zur systematischen Ermittlung der Anforderungen an EDV-gestützte Instandhaltungsplanungs-, -steuerungs- und -analysesysteme. Diss. RWTH Aachen 1988. (Forschungsinstitut für Rationalisierung - FIR - Aachen.)
WHK (o.V.):	Würzburger Hardware Katalog (WHK). Hrsg.: Lehrstuhl für Betriebswirtschaftslehre und Wirtschaftsinformatik. Universität Würzburg. 4. Auflage. Würzburg 1987.
Wicharz, R.E.:	Die Flexibilität industrieller Produktionsplanung und -steuerung. Hrsg.: VDI - Verein deutscher Ingenieure. Fortschritt-Berichte der VDI-Zeitschriften Reihe 2, Nr. 67. Düsseldorf 1983.
Wiendahl, H.-P.; Erdlenbruch, B.:	Auswirkungen des PPS-Systems auf betriebliche Ziele. Baustein S.1.3.1. In: PPS-Fachmann. Grundlagen, Planung, Steuerung. Hrsg.: RKW - Rationalisierungskuratorium der deutschen Wirtschaft. Bd. 4: Steuerung. Köln 1987, S.1.3.1, S. 3 - 21.
Wildemann, H.; Kersten, B.; Lebens, U.; Schulte, Ch.:	CAD-Projekte III. Strategische Investitionsplanung und Wirtschaftlichkeitsrechnung. In: innovation, Wiesbaden (1985) 6, S. 660 - 665.
Zangemeister, Ch.:	Nutzwertanalyse in der Systemtechnik. 4. Auflage. München 1976.

Zimmermann, G.: Qualitätsmerkmale von Standardsoftware und Möglichkeiten ihrer Beurteilung. Teil 1. In: Online-adl-nachrichten, Köln 16 (1978) 4, S. 300 - 303. Teil 2. In: Online-adl-nachrichten, Köln 16 (1978) 5, S. 419 - 422. Schluß. In: Online-adl-nachrichten, Köln 16 (1978) 6, S. 504 - 507.

Zimmermann, G.: Customizing von Anwendersoftware. In: Angewandte Informatik, Wiesbaden 25 (1983) 3, S. 114 - 119.

10 Anhang

Anhang 1
Auszug aus dem Anforderungskatalog

I. NICHT-PPS-SPEZIFISCHE MERKMALE

1. Datenhaltung

Der Block Datenhaltung enthält Merkmale zur
1.1 Datenorganisation, zur
1.2 Datensicherheit und zum
1.3 Datenschutz.

1.1 Datenorganisation

1. m001 Datenstruktur / Datenmodell
   a) System verketteter Dateien / konventionelles Dateiverwaltungssystem
   b) Datenbanksystem mit linearer Datenstruktur[1]
   c) Datenbanksystem mit hierarchischer Datenstruktur[2]

2. m002 Nachträgliche Feldformatänderungen
   a) Feldtypänderung[3]
   b) Feldlängenverkleinerung
   c) Feldlängenvergrößerung
   d) Data Dictionary zur zentralen Verwaltung/Änderung von Feldformaten

3. m003 Nachträgliche Satzaufbauänderungen
   a) Eliminieren bestehender Felder aus dem Satzaufbau
   b) Einfügen zusätzlicher Felder in den bestehenden Satzaufbau

---

[1] Unter der Bezeichnung "lineare Datenstruktur" werden das invertierte und das relationale Datenmodell zusammengefaßt. Bei linearen Datenstrukturen sind keine Hierarchien vorhanden. Beim invertierten Datenmodell erfolgt der Datenzugriff über Schlüsselbegriffe, wobei für jeden Schlüsselbegriff eine invertierte Liste existiert, die alle Satzadressen enthält, in denen dieser Schlüsselbegriff vorkommt. Beim relationalen Datenmodell besteht die Datenbank aus vielen Relationen, d.h. Tabellen, deren Spalten über den Spaltennamen und deren Zeilen über den Primärschlüsselwert angesprochen werden.

[2] Unter der Bezeichnung "hierarchische Datenstruktur" werden das hierarchische und das vernetzte Datenmodell zusammengefaßt. Beim hierarchischen Datenmodell werden die Daten in einer Baumstruktur verwaltet. Jedes Datenobjekt (z.B. Auftrag) ist einem und nur einem anderen (z.B. Kunden) untergeordnet. Beim vernetzten Datenmodell kann ein Datenobjekt (z.B. Artikel) mehreren anderen (z.B. Lieferanten) untergeordnet sein.

[3] z.B. numerisch / alphanumerisch, Anzahl der Nachkommastellen.

4. m004 Nachträgliche Änderung von Beziehungen zwischen Datenobjekten (bei Datenbanksystemen)
   a) Eliminieren bestehender Beziehungen
   b) Hinzufügen neuer Beziehungen

5. m005 Datenreorganisation durch Systemprogramme[1]
   a) manuell anzustoßende Reorganisation
   b) zyklische automatische Reorganisation
   c) permanente automatische Reorganisation

.
.

2. Suchhilfen / Auswertungen

Dieser Block enthält die drei Merkmalsgruppen
2.1 Match-Code-Suche,
2.2 Freie Auswertungen und
2.3 Datenbankabfragesprache.

2.1 Match-Code-Suche (Match-Code = M-C)

Dieser Block enthält Merkmale zu den einzelnen
2.1.1 Dateien,
in denen eine Match-Code-Suche möglich ist,
sowie ein Merkmal zum
2.1.2 Funktionsumfang der Match-Code-Suche.

2.1.1 Dateien

1. m015 Teilestammdatei
   a) Gesamtanzahl der Match-Code-Felder
   b) Stellenzahl des längsten M-C-Feldes

2. m016 Stücklistendatei
   a) Gesamtanzahl der Match-Code-Felder
   b) Stellenzahl des längsten M-C-Feldes

3. m017 Arbeitsplan-/Arbeitsgangdatei
   a) Gesamtanzahl der Match-Code-Felder
   b) Stellenzahl des längsten M-C-Feldes

4. m018 Produktionsmitteldatei[2]
   a) Gesamtanzahl der Match-Code-Felder
   b) Stellenzahl des längsten M-C-Feldes

---

[1] Insbesondere nach dem Löschen und Einfügen von Sätzen muß der Datenbestand physisch reorganisiert werden.

[2] Häufig auch Maschinen-, Betriebsmittel- oder Kapazitätsstammdatei genannt.

5. m019 Kundenauftragsdatei
   a) Gesamtanzahl der Match-Code-Felder
   b) Stellenzahl des längsten M-C-Feldes

6. m020 Fertigungsauftragsdatei
   a) Gesamtanzahl der Match-Code-Felder
   b) Stellenzahl des längsten M-C-Feldes

7. m021 Bestellauftragsdatei
   a) Gesamtanzahl der Match-Code-Felder
   b) Stellenzahl des längsten M-C-Feldes

8. m022 Lieferanten-(Kreditoren-)datei
   a) Gesamtanzahl der Match-Code-Felder
   b) Stellenzahl des längsten M-C-Feldes

9. m023 Kunden-(Debitoren-)datei
   a) Gesamtanzahl der Match-Code-Felder
   b) Stellenzahl des längsten M-C-Feldes

2.1.2 m024 Funktionsumfang der M-C-Suche

a) hierarchische Verknüpfung von M-C's
b) Ersetzungszeichen an beliebigen Stellen im M-C-Suchbegriff
c) rechtsbündiges Ersetzungszeichen im M-C-Suchbegriff
d) nicht-stellengerechtes Suchen mit M-C

2.2 Freie Auswertungen

Dieser Block enthält Merkmale zum
2.2.1 Freien Selektieren,
2.2.2 Freien Sortieren,
2.2.3 Kombinierten Selektieren und Sortieren
und zur
2.2.4 Verwendung der Selektions-/Sortierergebnisse.

2.2.1 Freies Selektieren[1]

1. m025 Verarbeitungsart[2]
   a) Batchverarbeitung
   b) Hintergrundverarbeitung
   c) Dialogverarbeitung

---

[1] Unter "freiem Selektieren" wird das vom Anwender frei spezifizierbare Heraussuchen von Datensätzen aus dem Datenbestand anhand vorzugebender Feldinhalte eines oder mehrerer Felder verstanden.

[2] vgl. die Fußnoten zu Merkmal m126.

2. m026 **Prozentualer Anteil aller selektionsfähigen Dateien von der Gesamtanzahl aller Dateien in der PPS-Standardsoftware**

3. m027 **Maximale Anzahl selektionsfähiger Dateien pro Selektionslauf**

4. m028 **Maximale Anzahl setzbarer Selektionskriterien pro Selektionslauf**

5. m029 Operanden zur Selektion
   a) kleiner
   b) kleiner gleich
   c) größer
   d) größer gleich
   e) gleich
   f) ungleich
   g) ungefähr gleich

6. m030 Arithmetische Operationen im Selektionslauf
   a) Addition / Subtraktion
   b) Multiplikation / Division
   c) Maximum / Minimum

7. m031 Maximale Anzahl speicher- und abrufbarer Selektionsprogramme

.

.

3. Benutzeroberfläche

Dieser Block enthält Merkmale zur
3.1 Menütechnik, zur
3.2 Programmanwahl, zum
3.3 Dialogablauf, zu
3.4 Dialoghilfen, zum
3.5 Hilfe-, Dokumentations- und Fehlermeldesystem und zur
3.6 Maskengestaltung.

3.1 Menütechnik[1]

1. m045 Art der Ansteuerung im Menü (mit Ausnahme der untersten Menüebene = Programmebene)
   a) über Zahlen oder Buchstaben oder Kombinationen von Zahlen und Buchstaben
   b) über sprechende Buchstabenkombinationen
   c) über Cursorsteuerung

2. m046 Zusammenstellung der Menüs
   a) fix vorgegeben
   b) durch Anbieter systemweit veränderbar
   c) durch Anbieter benutzerindividuell änderbar[2]
   d) durch Anwender benutzerindividuell änderbar

3. m047 Verzweigungsmöglichkeiten im Menü durch <u>einen</u> Befehl
   a) einstufig abwärts
   b) einstufig aufwärts
   c) Rücksprung ins Hauptmenü (oberste Menüebene)

.

.

3.6 Maskengestaltung

1. m071 Einheitlichkeit des Maskenaufbaus
   a) in allen Programmen (100%)gegeben
   b) in vielen Programmen (größer 70%) gegeben
   c) nicht gegeben

2. m072 Ort der Dateneingabe
   a) überwiegend in der Maske
   b) überwiegend in der Fußzeile

3. m073 Standardwertbelegung
   a) maskenabhängige Standardwertbelegung[3]
   b) feldabhängige Standardwertbelegung

---

[1] Ein "Menü" ist eine Liste von Aktivitäten/Funktionen, die dem Benutzer über den Bildschirm angeboten wird. Jede Menüzeile hat ein Kennzeichen, dessen Aufruf die jeweilige Aktivität/Funktion auslöst. Menüs sind häufig hierarchisch (Baumstruktur) aufgebaut.

[2] Kopplung der benutzerindividuellen Menüzusammenstellung mit dem Kennwort.

[3] Für das gleiche Programm je nach Maske unterschiedliche Standardwertbelegung, z.B. in Dateneingabemaske anders als in Maske für Programmlauf.

4. m074 Änderbarkeit der Standardwertbelegung durch Anwender
   a) systemweit änderbar
   b) benutzerspezifisch änderbar
   c) benutzerspezifische Belegung übersteuert systemspezifische

5. m075 Änderbarkeit von Masken durch Anwender
   a) Unterdrücken von Feldinhalt und zugehöriger Feldbezeichnung
   b) Hinzufügen von Feldinhalt und zugehöriger -bezeichnung
   c) Ändern von Feldinhalt und zugehöriger -bezeichnung
   d) Änderung der Anzeigeorte von Feldinhalt und -bezeichnung
   e) Änderung der Maskenfolge
   f) Entwicklung und Einbindung neuer Masken

4. Schnittstellen zu anderen Programmen / Systemen

Dieser Block enthält Merkmale zu anderen Programmen bzw. Systemen der
4.1 PPS und anderer Bereiche der technischen Auftragsabwicklung, der
4.2 Kommerziellen Bereiche und
4.3 Weiterer CIM-Bereiche außer PPS.

.
.

5. Anbietermerkmale

.
.

II. PPS-SPEZIFISCHE MERKMALE

6. Datenverwaltung

Im Rahmen der Datenverwaltung werden die für die anderen PPS-Funktionen benötigten Grunddaten verwaltet, d.h., angelegt, geändert, gelöscht und beauskunftet. Die wesentlichen Grunddaten sind Teilestamm-, Stücklisten, Arbeitsplan-, Produktionsmittel- und Grobplanungsdaten.

6.1 Teilestammdatenverwaltung

1. m097 Erforderliche Stellenzahl der Teilenummer

2. m098 Numerische Teilenummer
   a) vorhanden
   b) mit Prüfziffer[1]
   c) automatische Vergabe

3. m099 Alphanumerische Teilenummer
   a) vorhanden

4. m100 Erforderliche Stellenzahl der Zeichnungsnummer

5. m101 Feld "Alte Teilenummer" mit Direktzugriff[2]
   a) vorhanden

6. m102 Abteilungsweise Eingabe von Mußfeldern[3]
   a) möglich

7. m103 Verzicht auf Teilestammsatz bei Einmalteilen[4]
   a) möglich

8. m104 Duplizieren eines Teilestammsatzes
   a) komplett (=satzweise)
   b) feldweise

9. m105 Verwaltung von Standardwerten[5]
   a) vorhanden

.
.

---

[1] z.B. nach dem Modulo-10-Verfahren; Fehler bei der Eingabe der Teilenummer werden mit 99%-iger Wahrscheinlichkeit erkannt.

[2] Ermöglicht den Parallelzugriff auf den Teilestammsatz wahlweise über die (neue) Teilenummer - meist eine reine Zählnummer - oder die gleichfalls direkt ansprechbare "alte" Teilenummer - meist die im Unternehmen gewachsene, jedermann bekannte Teilenummer.

[3] Die Mußfelder des Teilestammsatzes können abteilungsweise (dezentral) entsprechend der Zuständigkeit für die einzelen Datengruppen und zu verschiedenen Zeitpunkten eingegeben werden.

[4] Bei Einmalteilen kann auf das Anlegen eines Teilestammsatzes verzichtet werden. Die Teilestammsatzanlage für ein im System zu verwaltendes Teil ist nicht zwingend.

[5] Standardwerte sind Vorbesetzungen der Feldinhalte, hier derjenigen des Teilestammsatzes. Sie werden bei der konkreten Teilestammsatzanlage entweder bestätigt oder überschrieben.

7. Produktionsprogrammplanung

Im Rahmen der Produktionsprogrammplanung wird der zu fertigende Primärbedarf nach Art, Menge und Termin für einen längerfristigen Zeitraum festgelegt. Die Herkunft des Primärbedarfs kann sowohl aus einem kundenanonymen Vertriebsprogramm als auch aus konkreten Kundenaufträgen resultieren. Die Produktionsprogrammplanung enthält folgende Funktionen:
7.1 Prognoserechnung,
7.2 Grobplanung,
7.3 Lieferterminbestimmung,
7.4 Kundenauftragsverwaltung und
7.5 Vorlaufsteuerung.

.
.

8. Mengenplanung

Die Mengenplanung umfaßt alle Planungsmaßnahmen, die das Ziel einer art-, mengen- und termingerechten Bereitstellung von Baugruppen, Teilen und Material für die Fertigung haben. Die Mengenplanung enthält folgende Funktionen:
8.1 Bedarfsermittlung,
8.2 Bestandsführung und
8.3 Beschaffungsrechnung.

.
.

9. Termin- und Kapazitätsplanung

Im Rahmen der Termin- und Kapazitätsplanung wird die termin- und kapazitätsmäßige Einplanung des Fertigungsprogramms vorgenommen. Die Termin- und Kapazitätsplanung enthält folgende Funktionen:
9.1 Durchlaufterminierung,
9.2 Kapazitätsterminierung und
9.3 Reihenfolgeplanung.

.
.

10. Auftragsveranlassung

Im Rahmen der Auftragsveranlassung erfolgen alle Maßnahmen zur termingerechten Durchsetzung der eingeplanten Fertigungsaufträge und Bestellvorschläge. Die Auftragsveranlassung enthält folgende Funktionen:
10.1 Fertigungsauftragsfreigabe,
10.2 Fertigungsbelegerstellung und
10.3 Arbeitsverteilung für Fertigungsteile, sowie
10.4 Bestellvorschlagsbearbeitung und
10.5 Bestellschreibung für Einkaufsteile.

10.1 Fertigungsauftragsfreigabe[1]

1. m189 Betriebsart[2]
   a) Batch
   b) Dialog
   c) Hintergrund

2. m190 Verfahren der BelastungsOrientierten Auftragsfreigabe (BOA) nach Wiendahl, IPA Hannover[3]
   a) vorhanden

3. m191 Selektions- und Freigabekriterien
   a) alle Fertigungsaufträge für eine **Baugruppe**
   b) alle Fertigungsaufträge, die auf einer bestimmten **Kapazitätseinheit** begonnen werden
   c) alle Fertigungsaufträge, deren Starttermin in einem bestimmten **Terminbereich** liegt
   d) der einzelne **Fertigungsauftrag**

4. m192 Objekte der Verfügbarkeitprüfung
   a) Kapazität (Maschinen, Betriebsmittel)
   b) Material
   c) Vorrichtungen und Werkzeuge
   d) Personal(-kapazität)

5. m193 Systemseitige automatische Verfügbarkeitsprüfung im Rahmen der Fertigungsauftragsfreigabe[4]
   a) vorhanden

.
.

---

[1] Die Fertigungsauftragsfreigabe überprüft die Terminsituation, die Soll-Starttermine von Fertigungsaufträgen nach verschiedenen Kriterien und gibt die Fertigungsaufträge zur Erstellung der dazugehörigen Belege und zur Einsteuerung in die Fertigung frei.

[2] vgl. die Fußnoten zu Merkmal m126.

[3] Das Prinzip der belastungsorientierten Auftragsfreigabe beruht auf statistischen Aussagen. Die Auftragsfreigabe selbst wird auf der Grundlage von Arbeits-Inhalt-Zeit-Funktionen vorgenommen, die wichtige Informationen über Kapazitätsauslastungen, Bestände und Durchlaufzeiten in der Fertigung liefern. Sie können gebildet werden, wenn Rückmeldungen über die Bearbeitung sämtlicher in einer Werkstatt gefertigten Aufträge laufend verfügbar sind.

[4] Mit der Auftragsfreigabe wird automatisch auch eine Verfügbarkeitsprüfung durchgeführt.

11. Auftragsüberwachung

Im Rahmen der Auftragsüberwachung werden Fertigungs-, Bestell- und Kundenaufträge auf mengen- und termingerechte Einhaltung überwacht, sowie die Kapazitätsbelastungssituation kontrolliert. Die Auftragsüberwachung enthält folgende Funktionen:

11.1 Fertigungsauftragsüberwachung und
11.2 Kapazitätsüberwachung für Fertigungsteile,
11.3 Bestellauftragsüberwachung für Einkaufsteile sowie
11.4 Kundenauftragsüberwachung.

.
.

Anhang 2
Vom Anwenderunternehmen geforderte Zahlenwerte

Merkmal, Ausprägung	gewünschter Wert
m015, a	3
m015, b	15
m016, a	4
m016, b	15
m017, a	3
m017, b	10
m018, a	0
m018, b	0
m019, a	3
m019, b	10
m020, a	2
m020, b	10
m021, a	4
m021, b	15
m022, a	2
m022, b	15
m023, a	1
m023, b	10
m026	100
m027	5
m028	5
m031	20
m033	100
m034	5
m036	10
m037	10
m054	4
m092	0
m093	20
m094	0
m095	0
m097	12
m100	12
m112	12
m115	60
m204	999

Tab. 7: Vom Anwenderunternehmen geforderte Zahlenwerte

Anhang 3
Anforderungsprofil der Erprobung

SNR	M	KO	GEW	AK	A	B	C	D	E	F	G	EFG	TENU
1	1		0.562500	1	2	1	2					0.70	0.393750
2	1		0.562500	2	2	2	1					0.70	0.393750
3	1		0.562500	3	1	2	2					1.00	0.562500
4	2	1	0.562500	1	1	1	1	2				1.00	0.562500
5	3	1	0.562500	1	1	1						1.00	0.562500
6	4		0.000000	1	2	2						0.00	0.000000
7	5	1	0.562500	1	1	2	2					0.50	0.281250
8	5	1	0.562500	2	2	2	1					0.50	0.281250
9	5	1	0.562500	3	2	1	2					1.00	0.562500
10	6		0.562500	1	2	2	2	1	2	2		1.00	0.562500
11	6		0.562500	2	2	2	2	2	2	1		1.00	0.562500
12	7		0.562500	1	1	2						1.00	0.562500
13	7		0.562500	2	2	1						1.00	0.562500
14	8	1	0.937500	1	2	2	1	2				1.00	0.937500
15	8	1	0.937500	2	2	2	2	1				1.00	0.937500
16	9		1.125000	1	1	2						1.00	1.125000
17	9		1.125000	2	2	1						1.00	1.125000
18	9		1.125000	3	1	1						1.00	1.125000
19	10	1	0.562500	1	2	1	2					0.50	0.281250
20	10	1	0.562500	2	2	2	1					1.00	0.562500
21	10	1	0.562500	3	2	1	1					1.00	0.562500
22	11	1	0.300000	1	2	1	2					0.70	0.210000
23	11	1	0.300000	2	1	2	2					1.00	0.300000
24	12		0.450000	1	2	1	2					0.80	0.360000
25	12		0.450000	2	1	2	2					1.00	0.450000
26	12		0.450000	3	1	1	2					1.00	0.450000
27	13		0.300000	1	1	2	2	2				1.00	0.300000
28	14		0.450000	1	1	1	1	2				0.80	0.360000
29	14		0.450000	2	2	2	2	1				1.00	0.450000
30	15		0.960000	1	2	1						0.20	0.192000
31	15		0.960000	2	1	2						0.50	0.480000
32	15		0.960000	3	1	1						1.00	0.960000
33	16		0.900000	1	2	1						0.20	0.180000
34	16		0.900000	2	1	2						0.50	0.450000
35	16		0.900000	3	1	1						1.00	0.900000
36	17		0.900000	1	2	1						0.20	0.180000
37	17		0.900000	2	1	2						0.50	0.450000
38	17		0.900000	3	1	1						1.00	0.900000
39	18		0.000000	1	2	2						0.00	0.000000
40	19		0.480000	1	2	1						0.20	0.096000
41	19		0.480000	2	1	2						0.50	0.240000
42	19		0.480000	3	1	1						1.00	0.480000
43	20		0.900000	1	2	1						0.20	0.180000
44	20		0.900000	2	1	2						0.50	0.450000
45	20		0.900000	3	1	1						1.00	0.900000
46	21		0.900000	1	2	1						0.20	0.180000
47	21		0.900000	2	1	2						0.50	0.450000
48	21		0.900000	3	1	1						1.00	0.900000
49	22		0.480000	1	2	1						0.20	0.096000
50	22		0.480000	2	1	2						0.50	0.240000
51	22		0.480000	3	1	1						1.00	0.480000
52	23		0.480000	1	2	1						0.20	0.096000
53	23		0.480000	2	1	2						0.50	0.240000

SNR	M	KO	GEW	AK	A	B	C	D	E	F	G	EFG	TENU
54	23		0.480000	3	1	1						1.00	0.480000
55	24		1.500000	1	2	2	1	2				0.50	0.750000
56	24		1.500000	2	2	1	2	2				0.80	1.200000
57	24		1.500000	3	2	1	2	1				1.00	1.500000
58	24		1.500000	4	2	2	1	1				1.00	1.500000
59	25		0.150000	1	2	1	2					0.50	0.075000
60	25		0.150000	2	2	2	1					1.00	0.150000
61	25		0.150000	3	2	1	1					1.00	0.150000
62	26		0.060000	1	1							1.00	0.060000
63	27		0.060000	1	1							1.00	0.060000
64	28		0.048000	1	1							1.00	0.048000
65	29		0.150000	1	1	1	1	1	1	1	1	1.00	0.150000
66	30		0.090000	1	2	1	2					0.20	0.018000
67	30		0.090000	2	1	2	2					0.80	0.072000
68	30		0.090000	3	1	1	2					1.00	0.090000
69	31		0.042000	1	1							1.00	0.042000
70	32	1	0.290000	1	2	1	2					0.50	0.145000
71	32	1	0.290000	2	2	2	1					1.00	0.290000
72	33		0.252000	1	1							1.00	0.252000
73	34		0.252000	1	1							1.00	0.252000
74	35		0.000000	1	2							0.00	0.000000
75	36		0.522000	1	1							1.00	0.522000
76	37		0.252000	1	1							1.00	0.252000
77	38		1.800000	1	1	2						0.20	0.360000
78	38		1.800000	2	2	1						1.00	1.800000
79	39	1	0.450000	1	2	1	2	2				0.70	0.315000
80	39	1	0.450000	2	1	1	2	2				1.00	0.450000
81	40		0.450000	1	1	2	1	1				0.90	0.405000
82	40		0.450000	2	1	1	1	1				1.00	0.450000
83	41		0.450000	1	1	2	2					0.50	0.225000
84	41		0.450000	2	1	1	1					1.00	0.450000
85	42		0.450000	1	1	2	2	2	1			0.90	0.405000
86	42		0.450000	2	1	1	2	2	1			1.00	0.450000
87	43		0.300000	1	1	2	2	2				1.00	0.300000
88	43		0.300000	2	2	1	2	2				1.00	0.300000
89	43		0.300000	3	2	2	1	2				1.00	0.300000
90	43		0.300000	4	2	2	2	1				1.00	0.300000
91	44		1.200000	1	1	1	1	1	1	2		1.00	1.200000
92	45		0.375000	1	2	2	1					0.40	0.150000
93	45		0.375000	2	2	1	2					0.60	0.225000
94	45		0.375000	3	1	2	2					1.00	0.375000
95	46		0.500000	1	2	1	2	2				0.20	0.100000
96	46		0.500000	2	2	2	1	2				0.40	0.200000
97	46		0.500000	3	2	2	2	1				1.00	0.500000
98	47		0.375000	1	1	1	1					1.00	0.375000
99	48		1.250000	1	2	1	2	2				0.60	0.750000
100	48		1.250000	2	2	2	1	2				1.00	1.250000
101	48		1.250000	3	2	2	2	1				1.00	1.250000
102	49		0.250000	1	1	2	2					0.60	0.150000
103	49		0.250000	2	2	1	2					0.60	0.150000
104	49		0.250000	3	2	2	1					1.00	0.250000
105	50		1.000000	1	1	2	2					0.20	0.200000
106	50		1.000000	2	2	1	2					0.80	0.800000

SNR	M	KO	GEW	AK	A	B	C	D	E	F	G	EFG	TENU
107	50		1.000000	3	2	1	1					1.00	1.000000
108	51		0.312500	1	1	2	2	2				0.20	0.062500
109	51		0.312500	2	2	1	2	2				0.80	0.250000
110	51		0.312500	3	2	1	2	1				1.00	0.312500
111	52		0.125000	1	1	2	2	2				1.00	0.125000
112	53		0.312500	1	2	1	2	2				0.30	0.093750
113	53		0.312500	2	1	2	2	2				1.00	0.312500
114	54		0.125000	1	1							1.00	0.125000
115	55		0.125000	1	1	2						1.00	0.125000
116	55		0.125000	2	2	1						1.00	0.125000
117	56		0.125000	1	1	2						1.00	0.125000
118	56		0.125000	2	2	1						1.00	0.125000
119	57		0.125000	1	1	1	1					1.00	0.125000
120	58		1.500000	1	1	2	1	2	2	2		0.60	0.900000
121	58		1.500000	2	2	1	2	1	2	2		1.00	1.500000
122	59		1.500000	1	1	2	1	2	2	2		0.60	0.900000
123	59		1.500000	2	2	1	2	1	2	2		1.00	1.500000
124	60		0.262500	1	1	2						1.00	0.262500
125	60		0.262500	2	2	1						1.00	0.262500
126	61		0.225000	1	1	2	2	2	2			0.80	0.180000
127	61		0.225000	2	2	1	2	2	2			1.00	0.225000
128	61		0.225000	3	2	2	1	2	2			1.00	0.225000
129	61		0.225000	4	2	2	2	1	2			1.00	0.225000
130	62		0.262500	1	1	2						1.00	0.262500
131	62		0.262500	2	2	1						1.00	0.262500
132	63		0.000000	1	2	2	2	2				0.00	0.000000
133	64		0.225000	1	1	2	2					0.50	0.112500
134	64		0.225000	2	2	1	2					1.00	0.225000
135	64		0.225000	3	2	2	1					1.00	0.225000
136	65		0.225000	1	2	2	1	2	2			1.00	0.225000
137	65		0.225000	2	2	2	2	1	2			1.00	0.225000
138	65		0.225000	3	2	2	2	2	1			1.00	0.225000
139	65		0.225000	4	1	1	2	2	2			1.00	0.225000
140	66		0.225000	1	1	2	2					1.00	0.225000
141	66		0.225000	2	2	1	2					1.00	0.225000
142	67		0.225000	1	1	1	1	2				1.00	0.225000
143	68		0.375000	1	1	1	2	1				0.80	0.300000
144	68		0.375000	2	1	1	1	1				1.00	0.375000
145	69		0.375000	1	1	2						0.40	0.150000
146	69		0.375000	2	2	1						0.80	0.300000
147	69		0.375000	3	1	1						1.00	0.375000
148	70		0.225000	1	1	2	2					1.00	0.225000
149	70		0.225000	2	2	2	1					1.00	0.225000
150	71		0.750000	1	2	1	2					0.50	0.375000
151	71		0.750000	2	1	2	2					1.00	0.750000
152	72		0.093750	1	1	2						1.00	0.093750
153	73		0.000000	1	2	2						0.00	0.000000
154	74		0.000000	1	2	2	2					0.00	0.000000
155	75		1.031250	1	1	1	1	1	1	1		1.00	1.031250
156	76		0.750000	1	1	2	2					1.00	0.750000
157	76		0.750000	2	2	1	2					1.00	0.750000
158	76		0.750000	3	2	2	1					1.00	0.750000
159	77		0.000000	1	2	2	2					0.00	0.000000

SNR	M	KO	GEW	AK	A	B	C	D	E	F	G	EFG	TENU
160	78		1.750000	1	2	2	1					1.00	1.750000
161	78		1.750000	2	1	1	2					1.00	1.750000
162	79		1.800000	1	2	1	2					0.80	1.440000
163	79		1.800000	2	2	2	1					1.00	1.800000
164	80		1.800000	1	2	2	1					1.00	1.800000
165	81		1.800000	1	2	2	1					1.00	1.800000
166	82		1.000000	1	2	1	2					0.80	0.800000
167	82		1.000000	2	2	2	1					1.00	1.000000
168	83		1.800000	1	2	2	1					1.00	1.800000
169	84		1.800000	1	2	2	1					1.00	1.800000
170	85		0.000000	1	2	2	2					0.00	0.000000
171	86		0.000000	1	2	2	2					0.00	0.000000
172	87		0.000000	1	2	2	2					0.00	0.000000
173	88		0.000000	1	2	2	2					0.00	0.000000
174	89		0.000000	1	2	2	2					0.00	0.000000
175	90		0.000000	1	2	2	2					0.00	0.000000
176	91		0.000000	1	2	2	2	2				0.00	0.000000
177	92		0.000000	1	2							0.00	0.000000
178	93		2.250000	1	1							1.00	2.250000
179	94		0.000000	1	2							0.00	0.000000
180	95		0.000000	1	2							0.00	0.000000
181	96		0.250000	1	1	1	1	2	2	2		1.00	0.250000
182	97		0.500000	1	1							1.00	0.500000
183	98		0.000000	1	2	2	2					0.00	0.000000
184	99	1	0.500000	1	1							1.00	0.500000
185	100		0.375000	1	1							1.00	0.375000
186	101		0.125000	1	1							1.00	0.125000
187	102		0.000000	1	2							0.00	0.000000
188	103	1	0.375000	1	1							1.00	0.375000
189	104		0.375000	1	2	1						0.30	0.112500
190	104		0.375000	2	1	2						0.60	0.225000
191	104		0.375000	3	1	1						1.00	0.375000
192	105		0.250000	1	1							1.00	0.250000
193	106		0.625000	1	1	2	2					0.20	0.125000
194	106		0.625000	2	1	2	1					0.80	0.500000
195	106		0.625000	3	1	1	1					1.00	0.625000
196	107		0.375000	1	2	2	2	1				1.00	0.375000
197	108		0.375000	1	1	1	2	2				0.60	0.225000
198	108		0.375000	2	1	1	1	2				0.70	0.262500
199	108		0.375000	3	1	1	1	1				1.00	0.375000
200	109		0.250000	1	2	2	1					1.00	0.250000
201	110		0.250000	1	2	1	2	2				1.00	0.250000
202	111		0.375000	1	2	1	2					1.00	0.375000
203	112		0.250000	1	1							1.00	0.250000
204	113		0.500000	1	2	1	2					0.30	0.150000
205	113		0.500000	2	1	2	2					0.60	0.300000
206	113		0.500000	3	1	1	2					1.00	0.500000
207	114		0.500000	1	1	2	2	2				0.40	0.200000
208	114		0.500000	2	1	1	2	2				0.80	0.400000
209	114		0.500000	3	1	1	2	1				1.00	0.500000
210	114		0.500000	4	1	1	1	1				1.00	0.500000
211	115		0.375000	1	1							1.00	0.375000
212	116		0.375000	1	1	1	2	2				0.80	0.300000

SNR	M	KO	GEW	AK	A	B	C	D	E	F	G	EFG	TENU
213	116		0.375000	2	1	1	1	2				1.00	0.375000
214	117		0.375000	1	1	2	2					0.40	0.150000
215	117		0.375000	2	1	1	2					0.80	0.300000
216	117		0.375000	3	1	2	1					1.00	0.375000
217	118		0.375000	1	2	1						0.40	0.150000
218	118		0.375000	2	1	2						0.70	0.262500
219	118		0.375000	3	1	1						1.00	0.375000
220	119		0.330000	1	2	1	2					1.00	0.330000
221	120		0.315000	1	2	1	2					1.00	0.315000
222	121		0.315000	1	1	1	2					1.00	0.315000
223	122		0.315000	1	2	1	2	2				1.00	0.315000
224	123		0.225000	1	1	2						0.90	0.202500
225	123		0.225000	2	1	1						1.00	0.225000
226	124		0.700000	1	2	1	1	2	2			0.70	0.490000
227	124		0.700000	2	2	1	2	1	2			1.00	0.700000
228	125		0.300000	1	2	1						1.00	0.300000
229	126		0.000000	1	2	2	2					0.00	0.000000
230	127		0.000000	1	2	2	2					0.00	0.000000
231	128		0.600000	1	2	2	1					0.80	0.480000
232	128		0.600000	2	2	1	2					1.00	0.600000
233	129		0.600000	1	2	1	1					1.00	0.600000
234	130		0.600000	1	1	2						1.00	0.600000
235	131		0.600000	1	1	1						1.00	0.600000
236	132		0.000000	1	2							0.00	0.000000
237	133		0.600000	1	1							1.00	0.600000
238	134		0.700000	1	1	2	2					0.20	0.140000
239	134		0.700000	2	2	2	1					0.50	0.350000
240	134		0.700000	3	2	1	2					1.00	0.700000
241	135		0.875000	1	1	2						0.40	0.350000
242	135		0.875000	2	1	1						1.00	0.875000
243	136		1.050000	1	1	2	2					0.20	0.210000
244	136		1.050000	2	2	2	1					0.40	0.420000
245	136		1.050000	3	2	1	2					1.00	1.050000
246	137		0.875000	1	1	2						0.30	0.262500
247	137		0.875000	2	2	1						1.00	0.875000
248	138		1.200000	1	2	1	2					1.00	1.200000
249	139		0.800000	1	1	2	2					1.00	0.800000
250	140		0.300000	1	2	2	1					0.80	0.240000
251	140		0.300000	2	2	1	2					1.00	0.300000
252	141		1.200000	1	1	2	2					0.60	0.720000
253	141		1.200000	2	2	1	2					0.80	0.960000
254	141		1.200000	3	2	2	1					1.00	1.200000
255	142		0.340000	1	1	2	2					0.20	0.068000
256	142		0.340000	2	2	2	1					0.20	0.068000
257	142		0.340000	3	2	1	2					1.00	0.340000
258	143		0.340000	1	2	1	2	2				1.00	0.340000
259	143		0.340000	2	2	2	2	1				1.00	0.340000
260	144	1	0.510000	1	2	2	1					1.00	0.510000
261	145		0.510000	1	2	2	1					1.00	0.510000
262	146		0.340000	1	1	2						0.30	0.102000
263	146		0.340000	2	2	1						1.00	0.340000
264	146		0.340000	3	1	1						1.00	0.340000
265	147	1	0.510000	1	1	1	1	1				1.00	0.510000

SNR	M KO	GEW	AK	A	B	C	D	E	F	G	EFG	TENU
266	148	0.000000	1	2	2	2					0.00	0.000000
267	149	0.272000	1	2	2	1	2				1.00	0.272000
268	150	0.306000	1	2	1	2					0.60	0.183600
269	150	0.306000	2	2	2	1					1.00	0.306000
270	151	0.272000	1	2	1	2					1.00	0.272000
271	152	0.000000	1	2	2	2					0.00	0.000000
272	153	0.330000	1	2	1	2					1.00	0.330000
273	154	0.825000	1	1	1	1	1	2			1.00	0.825000
274	154	0.825000	2	1	1	1	1	1			1.00	0.825000
275	155	0.330000	1	1	2	2					1.00	0.330000
276	156	0.000000	1	2							0.00	0.000000
277	157	0.495000	1	1	2						1.00	0.495000
278	158	0.330000	1	1							1.00	0.330000
279	159	0.165000	1	1	2						1.00	0.165000
280	160	0.495000	1	2	1	2					1.00	0.495000
281	161	0.330000	1	1							1.00	0.330000
282	162	0.330000	1	1	2	2					0.20	0.066000
283	162	0.330000	2	2	2	1					0.20	0.066000
284	162	0.330000	3	2	1	2					1.00	0.330000
285	163	0.495000	1	1	1	1					1.00	0.495000
286	164	0.660000	1	2	1	2	1	1			1.00	0.660000
287	165	0.825000	1	1	1						1.00	0.825000
288	166	0.000000	1	2	2	2					0.00	0.000000
289	167	0.000000	1	2	2	2					0.00	0.000000
290	168	0.495000	1	1	2						1.00	0.495000
291	168	0.495000	2	2	1						1.00	0.495000
292	169	0.495000	1	1							1.00	0.495000
293	170	0.000000	1	2	2	2					0.00	0.000000
294	171	0.000000	1	2	2	2					0.00	0.000000
295	172	0.000000	1	2	2	2	2				0.00	0.000000
296	173	0.000000	1	2	2						0.00	0.000000
297	174	0.000000	1	2	2	2					0.00	0.000000
298	175	0.000000	1	2	2	2					0.00	0.000000
299	176	0.000000	1	2	2						0.00	0.000000
300	177	0.000000	1	2	2	2					0.00	0.000000
301	178	0.000000	1	2	2						0.00	0.000000
302	179	0.000000	1	2							0.00	0.000000
303	180	0.000000	1	2	2	2					0.00	0.000000
304	181	0.000000	1	2	2						0.00	0.000000
305	182	0.000000	1	2	2	2					0.00	0.000000
306	183	0.000000	1	2							0.00	0.000000
307	184	0.000000	1	2							0.00	0.000000
308	185	0.000000	1	2	2	2					0.00	0.000000
309	186	0.000000	1	2							0.00	0.000000
310	187	0.000000	1	2							0.00	0.000000
311	188	0.000000	1	2	2	2					0.00	0.000000
312	189	0.450000	1	1	2	2					0.20	0.090000
313	189	0.450000	2	2	2	1					0.20	0.090000
314	189	0.450000	3	2	1	2					1.00	0.450000
315	190	0.000000	1	2							0.00	0.000000
316	191	0.450000	1	2	2	2	1				1.00	0.450000
317	192	0.450000	1	1	1	2	2				0.60	0.270000
318	192	0.450000	2	1	1	1	1				1.00	0.450000

SNR	M KO	GEW	AK	A	B	C	D	E	F	G	EFG	TENU
319	193	0.450000	1	1							1.00	0.450000
320	194	0.425000	1	1	2	2					0.70	0.297500
321	194	0.425000	2	1	2	1					1.00	0.425000
322	195	0.425000	1	1	2	2					1.00	0.425000
323	196	0.425000	1	1	1	2					1.00	0.425000
324	197	0.425000	1	1							1.00	0.425000
325	198	1.250000	1	1							1.00	1.250000
326	199	1.250000	1	1	2						1.00	1.250000
327	200	0.250000	1	2	1	2					1.00	0.250000
328	201	0.625000	1	2	1	1	1	1	2		1.00	0.625000
329	202	0.625000	1	1							1.00	0.625000
330	203	0.625000	1	2	1	2					1.00	0.625000
331	204	0.375000	1	1							1.00	0.375000
332	205	0.900000	1	2	1	2					1.00	0.900000
333	206	0.600000	1	1							1.00	0.600000
334	207	0.275000	1	2	1	2					1.00	0.275000
335	208	0.275000	1	1	2	2					1.00	0.275000
336	209	0.275000	1	2	1						1.00	0.275000
337	210	0.275000	1	2	1	2					0.80	0.220000
338	210	0.275000	2	1	2	2					1.00	0.275000
339	211	0.275000	1	1	2	2					0.80	0.220000
340	211	0.275000	2	1	1	2					1.00	0.275000
341	212	0.375000	1	1	2	2					0.20	0.075000
342	212	0.375000	2	1	1	1					1.00	0.375000
343	213	0.375000	1	1	1	1	1				1.00	0.375000
344	214	0.375000	1	1	2						0.30	0.112500
345	214	0.375000	2	2	1						0.80	0.300000
346	214	0.375000	3	1	1						1.00	0.375000
347	215	0.500000	1	1	1						1.00	0.500000
348	216	0.500000	1	1	1						1.00	0.500000
349	217	0.500000	1	1	1						1.00	0.500000
350	218	0.500000	1	1	1						1.00	0.500000
351	219	0.500000	1	2	1	2					0.70	0.350000
352	219	0.500000	2	2	1	1					1.00	0.500000
353	220	0.625000	1	2	1	2					1.00	0.625000
354	221	0.000000	1	2	2	2					0.00	0.000000
355	222	0.625000	1	1	1						1.00	0.625000
356	223	0.625000	1	1							1.00	0.625000
357	224	0.000000	1	2	2	2					0.00	0.000000
358	225	0.000000	1	2	2						0.00	0.000000
359	226	0.625000	1	1	1	1	1	1			1.00	0.625000
360	227	0.500000	1	1	2	2					1.00	0.500000
361	227	0.500000	2	2	1	2					1.00	0.500000
362	227	0.500000	3	2	2	1					1.00	0.500000
363	228	1.125000	1	1	1	2					0.40	0.450000
364	228	1.125000	2	2	2	1					0.70	0.787500
365	228	1.125000	3	1	1	1					1.00	1.125000
366	229	0.875000	1	1	1						1.00	0.875000

<u>Anhang 4</u>

<u>Gewichtetes Zielsystem der Erprobung</u>

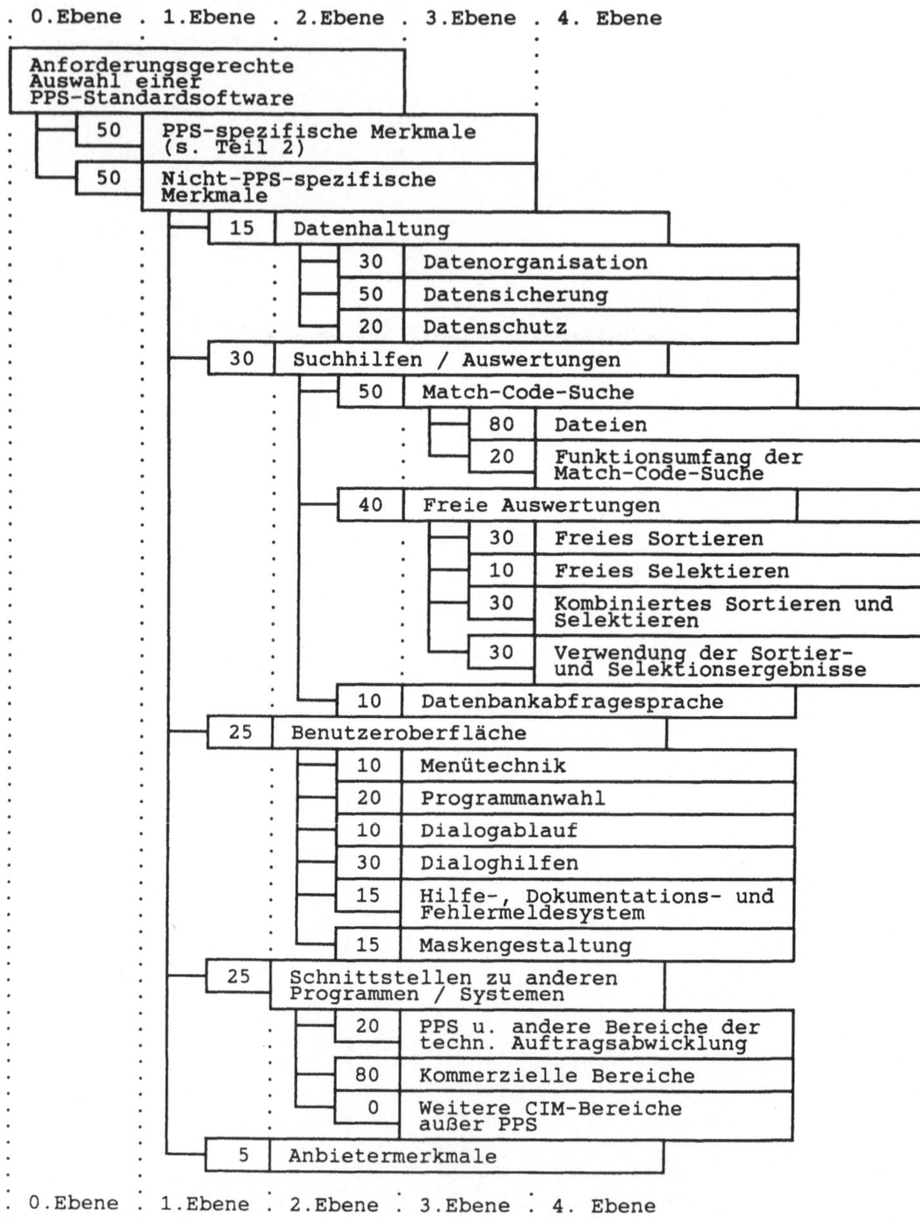

Abb. 24: Gewichtetes Zielsystem der Erprobung (Teil 1 von 2).

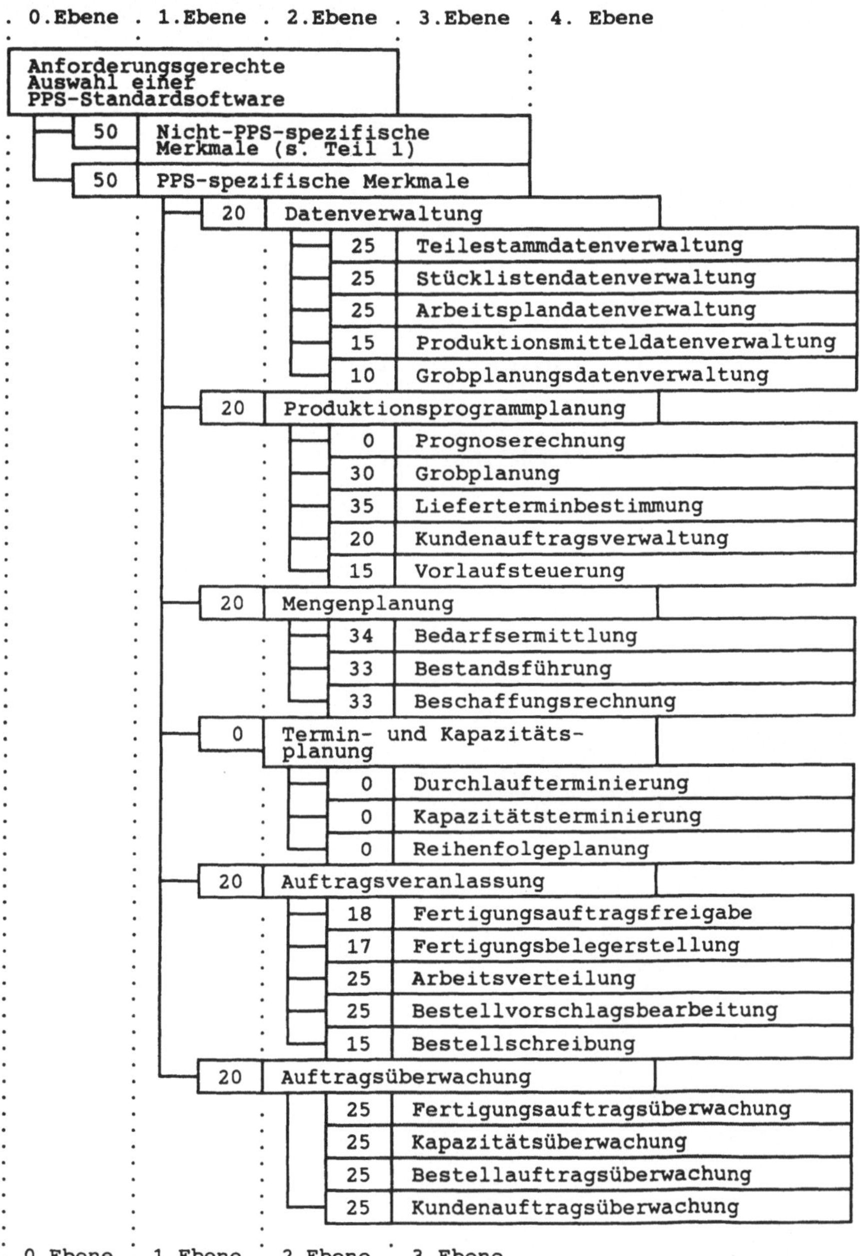

Abb. 24: Gewichtetes Zielsystem der Erprobung (Teil 2 von 2).

Anhang 5

Nutzwert- und Kostenentwicklung in der Feinauswahlstufe bei der Erprobung

Anpassungen der Alternative Nr. 4 nach dem Prinzip der Nutzenmaximierung

M	MO	A	B	C	D	E	F	G	AKOS	BKOS	CKOS	DKOS	EKOS	FKOS	GKOS	EFG	TENU	BM	KOS	TENUZU	W
3	1	1	1						3900	9100	0	0	0	0	0	1.00	0.562	KO	13000	0.562	0.433
2	1	2	2	2	2				18200	0	18200	3900	0	0	0	0.00	0.000	KO	0	0.000	0.000
24	1	2	2	1	1				0	13000	0	7800	0	0	0	1.00	1.500		7800	0.750	0.962
216	15	1	1						3900	2600	0	0	0	0	0	1.00	0.500		6500	0.500	0.769
7	1	2	1						13000	7800	0	0	0	0	0	1.00	0.562		7800	0.562	0.721
194	6	1	1	1					6500	0	0	0	0	0	0	1.00	0.425		6500	0.425	0.654
41	1	1	1	1					13000	3900	2600	0	0	0	0	1.00	0.450		19500	0.450	0.231
151	4	2	1	2					0	13000	0	0	0	0	0	1.00	0.272		13000	0.272	0.209
69	1	1	1						0	13000	0	0	0	0	0	1.00	0.375		13000	0.225	0.173
219	15	1	1	1					0	0	13000	0	0	0	0	1.00	0.500		13000	0.150	0.115
141	7	1	1	1					0	0	39000	0	0	0	0	1.00	1.200		39000	0.240	0.062
68	1	1	1	1	1				0	0	13000	0	0	0	0	1.00	0.375		13000	0.075	0.058
54	1	1							26000	0	0	0	0	0	0	1.00	0.125		26000	0.125	0.048
64	1	1	2	1					0	26000	28600	0	0	0	0	1.00	0.225		28600	0.113	0.039
26	1	1							19500	0	0	0	0	0	0	1.00	0.060		19500	0.060	0.031
30	1	1	1	2					13000	19500	0	0	0	0	0	1.00	0.090		32500	0.090	0.028
59	1	1	1	1	2	2	2		0	0	0	0	0	0	0	0.60	0.900		0	0.000	0.000
58	1	1	1	1	2	2	2		0	0	0	0	0	0	0	0.60	0.900		0	0.000	0.000
82	1	2	1	2					0	0	0	0	0	0	0	0.80	0.800		0	0.000	0.000
67	1	1	1	2	1				0	0	0	0	0	0	0	0.00	0.000		0	0.000	0.000
75	1	2	2	2	2	2	2		0	0	0	0	0	0	0	0.00	0.000		0	0.000	0.000
84	1	2	1	2					0	0	0	0	0	0	0	0.00	0.000		0	0.000	0.000
33	1	2							0	0	0	0	0	0	0	0.00	0.000		0	0.000	0.000

Anpassungen der Alternative Nr. 4 nach dem Prinzip der Wirtschaftlichkeitsmaximierung

M	MO	A	B	C	D	E	F	G	AKOS	BKOS	CKOS	DKOS	EKOS	FKOS	GKOS	EFG	TENU	BM	KOS	TENUZU	W
3	1	1	1						3900	9100	0	0	0	0	0	1.00	0.562	KO	13000	0.562	0.433
2	1	2	2	2	2				18200	0	18200	3900	0	0	0	0.00	0.000	KO	0	0.000	0.000
24	1	2	2	1	1				0	13000	0	7800	0	0	0	1.00	1.500		7800	0.750	0.962
216	15	1	1						3900	2600	0	0	0	0	0	1.00	0.500		6500	0.500	0.769
7	1	2	1						13000	7800	0	0	0	0	0	1.00	0.562		7800	0.562	0.721
194	6	1	1	1					6500	0	0	0	0	0	0	1.00	0.425		6500	0.425	0.654
41	1	1	1	1					13000	3900	2600	0	0	0	0	1.00	0.450		19500	0.450	0.231
151	4	2	1	2					0	13000	0	0	0	0	0	1.00	0.272		13000	0.272	0.209
69	1	1	1						0	13000	0	0	0	0	0	1.00	0.375		13000	0.225	0.173
219	15	1	1	1					0	0	13000	0	0	0	0	1.00	0.500		13000	0.150	0.115
141	7	1	1	1					0	0	39000	0	0	0	0	1.00	1.200		39000	0.240	0.062
68	1	1	1	1	1				0	0	13000	0	0	0	0	1.00	0.375		13000	0.075	0.058
30	1	1	2	2					13000	19500	0	0	0	0	0	0.80	0.072		13000	0.072	0.055
54	1	1							26000	0	0	0	0	0	0	1.00	0.125		26000	0.125	0.048
64	1	1	1	2					0	26000	28600	0	0	0	0	1.00	0.225		26000	0.113	0.043
26	1	1							19500	0	0	0	0	0	0	1.00	0.060		19500	0.060	0.031
59	1	1	1	1	2	2	2		0	0	0	0	0	0	0	0.60	0.900		0	0.000	0.000
58	1	1	1	1	2	2	2		0	0	0	0	0	0	0	0.60	0.900		0	0.000	0.000
82	1	2	1	2					0	0	0	0	0	0	0	0.80	0.800		0	0.000	0.000
75	1	2	2	2	2	2	2		0	0	0	0	0	0	0	0.00	0.000		0	0.000	0.000
84	1	2	1	2					0	0	0	0	0	0	0	0.00	0.000		0	0.000	0.000
67	1	1	1	2	1				0	0	0	0	0	0	0	0.00	0.000		0	0.000	0.000
33	1	2							0	0	0	0	0	0	0	0.00	0.000		0	0.000	0.000

Anpassungen der Alternative Nr. 9 nach dem Prinzip der Nutzenmaximierung

M	MO	A	B	C	D	E	F	G	AKOS	BKOS	CKOS	DKOS	EKOS	FKOS	GKOS	EFG	TENU	BM	KOS	TENUZU	W
144	4	1	1	2					0	0	0	0	0	0	0	0.00	0.000	KO	0	0.000	0.000
202	11	1							1100	0	0	0	0	0	0	1.00	0.625		1100	0.625	5.682
107	2	2	1	1	1				0	0	0	1100	0	0	0	1.00	0.375		1100	0.375	3.409
194	8	1	1	1					0	0	550	0	0	0	0	1.00	0.425		550	0.128	2.318
136	4	1	1	2					0	4400	4400	0	0	0	0	1.00	1.050		4400	0.840	1.909
106	2	1	1	1					0	2200	550	0	0	0	0	1.00	0.625		2750	0.500	1.818
165	4	1	1						5500	0	0	0	0	0	0	1.00	0.825		5500	0.825	1.500
104	1	1	1						0	1100	0	0	0	0	0	1.00	0.375		1100	0.150	1.364
113	3	1	1	2					0	2200	0	0	0	0	0	1.00	0.500		2200	0.200	0.909
135	4	1	1						0	6600	0	0	0	0	0	1.00	0.875		6600	0.525	0.795
151	4	1	1	2					0	5500	0	0	0	0	0	1.00	0.272		5500	0.272	0.495
141	1	1	2	2					0	0	0	0	0	0	0	0.60	0.720		0	0.000	0.000
114	3	1	1	1	2				0	0	0	0	0	0	0	0.80	0.400		0	0.000	0.000
1	1	2	1	2					0	0	0	0	0	0	0	0.70	0.394		0	0.000	0.000
50	1	1	2	1					0	0	0	0	0	0	0	0.20	0.200		0	0.000	0.000
82	1	2	2	2					0	0	0	0	0	0	0	0.00	0.000		0	0.000	0.000
75	1	1	1	1	1	1	2		0	0	0	0	0	0	0	0.00	0.000		0	0.000	0.000
57	1	1	1	2					0	0	0	0	0	0	0	0.00	0.000		0	0.000	0.000
54	1	2							0	0	0	0	0	0	0	0.00	0.000		0	0.000	0.000
93	1	2							0	0	0	0	0	0	0	0.00	0.000		0	0.000	0.000
84	1	2	1	2					0	0	0	0	0	0	0	0.00	0.000		0	0.000	0.000
34	1	2							0	0	0	0	0	0	0	0.00	0.000		0	0.000	0.000

Anpassungen der Alternative Nr. 9 nach dem Prinzip der Wirtschaftlichkeitsmaximierung

M	MO	A	B	C	D	E	F	G	AKOS	BKOS	CKOS	DKOS	EKOS	FKOS	GKOS	EFG	TENU	BM	KOS	TENUZU	W
144	4	1	1	2					0	0	0	0	0	0	0	0.00	0.000	KO	0	0.000	0.000
106	2	1	2	1					0	2200	550	0	0	0	0	0.80	0.500		550	0.375	6.818
202	11	1							1100	0	0	0	0	0	0	1.00	0.625		1100	0.625	5.682
107	2	2	1	1	1				0	0	0	1100	0	0	0	1.00	0.375		1100	0.375	3.409
194	8	1	1	1					0	0	550	0	0	0	0	1.00	0.425		550	0.128	2.318
136	4	1	1	2					0	4400	4400	0	0	0	0	1.00	1.050		4400	0.840	1.909
165	4	1	1						5500	0	0	0	0	0	0	1.00	0.825		5500	0.825	1.500
104	1	1	1						0	1100	0	0	0	0	0	1.00	0.375		1100	0.150	1.364
113	3	1	1	2					0	2200	0	0	0	0	0	1.00	0.500		2200	0.200	0.909
135	4	1	1						0	6600	0	0	0	0	0	1.00	0.875		6600	0.525	0.795
151	4	1	1	2					0	5500	0	0	0	0	0	1.00	0.272		5500	0.272	0.495
141	1	1	2	2					0	0	0	0	0	0	0	0.60	0.720		0	0.000	0.000
114	3	1	1	1	2				0	0	0	0	0	0	0	0.80	0.400		0	0.000	0.000
1	1	2	1	2					0	0	0	0	0	0	0	0.70	0.394		0	0.000	0.000
50	1	1	2	1					0	0	0	0	0	0	0	0.20	0.200		0	0.000	0.000
57	1	1	1	2					0	0	0	0	0	0	0	0.00	0.000		0	0.000	0.000
93	1	2							0	0	0	0	0	0	0	0.00	0.000		0	0.000	0.000
34	1	2							0	0	0	0	0	0	0	0.00	0.000		0	0.000	0.000
84	1	2	1	2					0	0	0	0	0	0	0	0.00	0.000		0	0.000	0.000
82	1	2	2	2					0	0	0	0	0	0	0	0.00	0.000		0	0.000	0.000
75	1	1	1	1	1	1	2		0	0	0	0	0	0	0	0.00	0.000		0	0.000	0.000
54	1	2							0	0	0	0	0	0	0	0.00	0.000		0	0.000	0.000

Anpassungen der Alternative Nr. 11 nach dem Prinzip der Nutzenmaximierung

M	MO	A	B	C	D	E	F	G	AKOS	BKOS	CKOS	DKOS	EKOS	FKOS	GKOS	EFG	TENU	BM	KOS	TENUZU	W
2	1	2	2	2	2				0	0	0	0	0	0	0	0.00	0.000	KO	0	0.000	0.000
226	23	1	1	1	1	1			0	0	0	2000	0	0	0	1.00	0.625		2000	0.625	3.125
216	18	1	1						3000	3000	0	0	0	0	0	1.00	0.500		6000	0.500	0.833
113	6	1	1	1					0	4000	0	0	0	0	0	1.00	0.500		4000	0.200	0.500
151	8	1	1	2					0	6000	0	0	0	0	0	1.00	0.272		6000	0.272	0.453
209	7	1	1						0	10000	0	0	0	0	0	1.00	0.275		10000	0.275	0.275
110	3	2	1	2	1				0	20000	0	0	0	0	0	1.00	0.250		20000	0.250	0.125
114	6	1	1	1	1				0	0	0	10000	0	0	0	1.00	0.500		10000	0.100	0.100
192	19	1	1	1	1				0	0	20000	0	0	0	0	1.00	0.450		20000	0.180	0.090
58	1	1	1	1	2	1	1		0	0	0	0	0	0	0	0.60	0.900		0	0.000	0.000
82	1	2	1	2					0	0	0	0	0	0	0	0.80	0.800		0	0.000	0.000
106	2	1	2	1					0	0	0	0	0	0	0	0.80	0.500		0	0.000	0.000
219	18	1	1	2					0	0	0	0	0	0	0	0.70	0.350		0	0.000	0.000
135	9	1	2						0	0	0	0	0	0	0	0.40	0.350		0	0.000	0.000
117	6	1	1	2					0	0	0	0	0	0	0	0.80	0.300		0	0.000	0.000
50	1	1	2	1					0	0	0	0	0	0	0	0.20	0.200		0	0.000	0.000
49	1	2	1	2					0	0	0	0	0	0	0	0.60	0.150		0	0.000	0.000
125	7	1	2						0	0	0	0	0	0	0	0.00	0.000		0	0.000	0.000
84	1	2	1	2					0	0	0	0	0	0	0	0.00	0.000		0	0.000	0.000
60	1	2	2						0	0	0	0	0	0	0	0.00	0.000		0	0.000	0.000
59	1	1	2	2	2	2	2		0	0	0	0	0	0	0	0.00	0.000		0	0.000	0.000
34	1	2							0	0	0	0	0	0	0	0.00	0.000		0	0.000	0.000
83	1	2	1	2					0	0	0	0	0	0	0	0.00	0.000		0	0.000	0.000
9	1	2	2						0	0	0	0	0	0	0	0.00	0.000		0	0.000	0.000

Anpassungen der Alternative Nr. 11 nach dem Prinzip der Wirtschaftlichkeitsmaximierung

M	MO	A	B	C	D	E	F	G	AKOS	BKOS	CKOS	DKOS	EKOS	FKOS	GKOS	EFG	TENU	BM	KOS	TENUZU	W
2	1	2	2	2	2				0	0	0	0	0	0	0	0.00	0.000	KO	0	0.000	0.000
226	23	1	1	1	1	1			0	0	0	2000	0	0	0	1.00	0.625		2000	0.625	3.125
216	18	1	1						3000	3000	0	0	0	0	0	1.00	0.500		6000	0.500	0.833
113	6	1	1	1					0	4000	0	0	0	0	0	1.00	0.500		4000	0.200	0.500
151	8	1	1	2					0	6000	0	0	0	0	0	1.00	0.272		6000	0.272	0.453
209	7	1	1						0	10000	0	0	0	0	0	1.00	0.275		10000	0.275	0.275
110	3	2	1	2	1				0	20000	0	0	0	0	0	1.00	0.250		20000	0.250	0.125
114	6	1	1	1	1				0	0	0	10000	0	0	0	1.00	0.500		10000	0.100	0.100
192	19	1	1	1	1				0	0	20000	0	0	0	0	1.00	0.450		20000	0.180	0.090
58	1	1	1	1	2	1	1		0	0	0	0	0	0	0	0.60	0.900		0	0.000	0.000
82	1	2	1	2					0	0	0	0	0	0	0	0.80	0.800		0	0.000	0.000
106	2	1	2	1					0	0	0	0	0	0	0	0.80	0.500		0	0.000	0.000
219	18	1	1	2					0	0	0	0	0	0	0	0.70	0.350		0	0.000	0.000
135	9	1	2						0	0	0	0	0	0	0	0.40	0.350		0	0.000	0.000
117	6	1	1	2					0	0	0	0	0	0	0	0.80	0.300		0	0.000	0.000
50	1	1	2	1					0	0	0	0	0	0	0	0.20	0.200		0	0.000	0.000
49	1	2	1	2					0	0	0	0	0	0	0	0.60	0.150		0	0.000	0.000
125	7	1	2						0	0	0	0	0	0	0	0.00	0.000		0	0.000	0.000
84	1	2	1	2					0	0	0	0	0	0	0	0.00	0.000		0	0.000	0.000
60	1	2	2						0	0	0	0	0	0	0	0.00	0.000		0	0.000	0.000
59	1	1	2	2	2	2	2		0	0	0	0	0	0	0	0.00	0.000		0	0.000	0.000
34	1	2							0	0	0	0	0	0	0	0.00	0.000		0	0.000	0.000
83	1	2	1	2					0	0	0	0	0	0	0	0.00	0.000		0	0.000	0.000
9	1	2	2						0	0	0	0	0	0	0	0.00	0.000		0	0.000	0.000

Anpassungen der Alternative Nr. 12 nach dem Prinzip der Nutzenmaximierung

M	MO	A	B	C	D	E	F	G	AKOS	BKOS	CKOS	DKOS	EKOS	FKOS	GKOS	EFG	TENU	BM	KOS	TENUZU	W
10	1	2	1	1					0	0	403	0	0	0	0	1.00	0.562	KO	403	0.281	6.979
5	1	2	1	1					1290	1290	0	0	0	0	0	1.00	0.562	KO	1290	0.281	2.180
24	1	2	2	1	1				0	645	645	0	0	0	0	1.00	1.500		645	1.500	23.256
59	1	1	1	2	1	2	2		0	0	645	645	0	0	0	1.00	1.500		645	1.500	23.256
201	9	1	1	1	1	1			0	0	403	0	0	0	0	1.00	0.625		403	0.625	15.509
16	1	1	1						645	0	0	0	0	0	0	1.00	0.900		645	0.720	11.163
194	8	1	1	1					403	0	0	0	0	0	0	1.00	0.425		403	0.425	10.546
36	1	1							645	0	0	0	0	0	0	1.00	0.522		645	0.522	8.093
165	6	1	1						1290	0	0	0	0	0	0	1.00	0.825		1290	0.825	6.395
22	1	1	1						645	0	0	0	0	0	0	1.00	0.480		645	0.384	5.953
149	6	1	1	1	1				0	0	645	0	0	0	0	1.00	0.272		645	0.272	4.217
196	8	1	1	1					0	1290	0	0	0	0	0	1.00	0.425		1290	0.425	3.295
101	2	1							403	0	0	0	0	0	0	1.00	0.125		403	0.125	3.102
131	5	1	1						1935	0	0	0	0	0	0	1.00	0.600		1935	0.600	3.101
75	1	1	1	1	1	1	1		645	645	645	645	645	645	0	1.00	1.031		3870	1.031	2.665
13	1	1	1	1	1				1290	0	0	0	0	0	0	1.00	0.300		1290	0.300	2.326
29	1	1	1	1	1	1	1	1	0	0	0	0	0	0	645	1.00	0.150		645	0.150	2.326
151	6	1	1	2					0	1290	0	0	0	0	0	1.00	0.272		1290	0.272	2.109
50	1	2	1	1					5160	5160	0	0	0	0	0	1.00	1.000		5160	1.000	1.938
116	4	1	1	1	1				0	1935	0	0	0	0	0	1.00	0.375		1935	0.375	1.938
118	4	1	1						967	968	0	0	0	0	0	1.00	0.375		1935	0.375	1.938
54	1	1							645	0	0	0	0	0	0	1.00	0.125		645	0.125	1.938
164	6	1	1	2	1	1			0	0	0	1290	2580	0	0	1.00	0.660		3870	0.660	1.705
129	5	1	1	1					0	0	3870	0	0	0	0	1.00	0.600		3870	0.600	1.550
60	1	2	1						1935	1935	0	0	0	0	0	1.00	0.263		1935	0.263	1.357
51	1	1	1	1	1				0	1935	0	0	0	0	0	1.00	0.312		1935	0.250	1.292
163	6	1	1	1					0	1935	1935	0	0	0	0	1.00	0.495		3870	0.495	1.279
117	4	1	1	1					0	0	645	0	0	0	0	1.00	0.375		645	0.075	1.163
109	3	1	1	1					0	0	2580	0	0	0	0	1.00	0.250		2580	0.250	0.969
150	6	1	1	1					0	0	1290	0	0	0	0	1.00	0.306		1290	0.122	0.949
69	1	1	1						0	3870	0	0	0	0	0	1.00	0.375		3870	0.225	0.581

Anpassungen der Alternative Nr. 12 nach dem Prinzip der Nutzenmaximierung (Fortsetzung)

M	MO	A	B	C	D	E	F	G	AKOS	BKOS	CKOS	DKOS	EKOS	FKOS	GKOS	EFG	TENU	BM	KOS	TENUZU	W
66	1	2	1	2					3870	3870	0	0	0	0	0	1.00	0.225		3870	0.225	0.581
214	8	1	1						1290	0	0	0	0	0	0	1.00	0.375		1290	0.075	0.581
107	3	1	1	2	1				0	0	0	7740	0	0	0	1.00	0.375		7740	0.375	0.484
114	4	1	1	1	1				0	0	0	2580	0	0	0	1.00	0.500		2580	0.100	0.388
141	4	1	2	1					0	5160	12900	0	0	0	0	1.00	1.200		12900	0.480	0.372
67	1	1	1	1	1				6450	0	0	0	0	0	0	1.00	0.225		6450	0.225	0.349
219	5	1	1	1					0	0	5160	0	0	0	0	1.00	0.500		5160	0.150	0.291
68	1	1	1	1	1				0	0	3870	0	0	0	0	1.00	0.375		3870	0.075	0.194
123	5	1	1						0	3225	0	0	0	0	0	1.00	0.225		3225	0.022	0.070
43	1	2	2	2	2				0	0	0	0	0	0	0	0.00	0.000		0	0.000	0.000
44	1	2	2	2	2	2	2		0	0	0	0	0	0	0	0.00	0.000		0	0.000	0.000
125	5	1	2						0	0	0	0	0	0	0	0.00	0.000		0	0.000	0.000
78	1	1	2	2					0	0	0	0	0	0	0	0.00	0.000		0	0.000	0.000

Anpassungen der Alternative Nr. 12 nach dem Prinzip der Wirtschaftlichkeitsmaximierung

M	MO	A	B	C	D	E	F	G	AKOS	BKOS	CKOS	DKOS	EKOS	FKOS	GKOS	EFG	TENU	BM	KOS	TENUZU	W
10	1	2	1	1					0	0	403	0	0	0	0	1.00	0.562	KO	403	0.281	6.979
5	1	2	1	1					1290	1290	0	0	0	0	0	1.00	0.562	KO	1290	0.281	2.180
24	1	2	1	2	1				0	645	645	0	0	0	0	1.00	1.500		645	1.500	23.256
59	1	1	1	2	1	2	2		0	0	645	645	0	0	0	1.00	1.500		645	1.500	23.256
201	9	1	1	1	1	1			0	0	403	0	0	0	0	1.00	0.625		403	0.625	15.509
16	1	1	1						645	0	0	0	0	0	0	1.00	0.900		645	0.720	11.163
194	8	1	1	1					403	0	0	0	0	0	0	1.00	0.425		403	0.425	10.546
36	1	1							645	0	0	0	0	0	0	1.00	0.522		645	0.522	8.093
165	6	1	1						1290	0	0	0	0	0	0	1.00	0.825		1290	0.825	6.395
22	1	1	1						645	0	0	0	0	0	0	1.00	0.480		645	0.384	5.953
149	6	1	1	1	1				0	0	645	0	0	0	0	1.00	0.272		645	0.272	4.217
196	8	1	1	1					0	1290	0	0	0	0	0	1.00	0.425		1290	0.425	3.295
101	2	1							403	0	0	0	0	0	0	1.00	0.125		403	0.125	3.102
131	5	1	1						1935	0	0	0	0	0	0	1.00	0.600		1935	0.600	3.101
118	4	1	2						967	968	0	0	0	0	0	0.70	0.263		967	0.263	2.715
75	1	1	1	1	1	1	1		645	645	645	645	645	645	0	1.00	1.031		3870	1.031	2.665
13	1	1	1	1	1				1290	0	0	0	0	0	0	1.00	0.300		1290	0.300	2.326
29	1	1	1	1	1	1	1	1	0	0	0	0	0	0	645	1.00	0.150		645	0.150	2.326
151	6	1	1	2					0	1290	0	0	0	0	0	1.00	0.272		1290	0.272	2.109
50	1	2	1	1					5160	5160	0	0	0	0	0	1.00	1.000		5160	1.000	1.938
116	4	1	1	1	1				0	1935	0	0	0	0	0	1.00	0.375		1935	0.375	1.938
54	1	1							645	0	0	0	0	0	0	1.00	0.125		645	0.125	1.938
164	6	1	1	2	1	1			0	0	0	1290	2580	0	0	1.00	0.660		3870	0.660	1.705
129	5	1	1	1					0	0	3870	0	0	0	0	1.00	0.600		3870	0.600	1.550
60	1	1	2						1935	1935	0	0	0	0	0	1.00	0.263		1935	0.263	1.357
51	1	1	1	1	1				0	1935	0	0	0	0	0	1.00	0.312		1935	0.250	1.292
163	6	1	1	1					0	1935	1935	0	0	0	0	1.00	0.495		3870	0.495	1.279
117	4	1	1	1					0	0	645	0	0	0	0	1.00	0.375		645	0.075	1.163
109	3	1	1	1					0	0	2580	0	0	0	0	1.00	0.250		2580	0.250	0.969
150	6	1	1	1					0	0	1290	0	0	0	0	1.00	0.306		1290	0.122	0.949
69	1	1	1						0	3870	0	0	0	0	0	1.00	0.375		3870	0.225	0.581

Anpassungen der Alternative Nr. 12 nach dem Prinzip der Wirtschaftlichkeitsmaximierung (Fortsetzung)

M	MO	A	B	C	D	E	F	G	AKOS	BKOS	CKOS	DKOS	EKOS	FKOS	GKOS	EFG	TENU	BM	KOS	TENUZU	W
66	1	1	2	2					3870	3870	0	0	0	0	0	1.00	0.225		3870	0.225	0.581
214	8	1	1						1290	0	0	0	0	0	0	1.00	0.375		1290	0.075	0.581
107	3	1	1	2	1				0	0	0	7740	0	0	0	1.00	0.375		7740	0.375	0.484
141	4	1	1	2					0	5160	12900	0	0	0	0	0.80	0.960		5160	0.240	0.465
114	4	1	1	1	1				0	0	0	2580	0	0	0	1.00	0.500		2580	0.100	0.388
67	1	1	1	1	1				6450	0	0	0	0	0	0	1.00	0.225		6450	0.225	0.349
219	5	1	1	1					0	0	5160	0	0	0	0	1.00	0.500		5160	0.150	0.291
68	1	1	1	1	1				0	0	3870	0	0	0	0	1.00	0.375		3870	0.075	0.194
123	5	1	1						0	3225	0	0	0	0	0	1.00	0.225		3225	0.022	0.070
43	1	2	2	2	2				0	0	0	0	0	0	0	0.00	0.000		0	0.000	0.000
44	1	2	2	2	2	2	2		0	0	0	0	0	0	0	0.00	0.000		0	0.000	0.000
125	5	1	2						0	0	0	0	0	0	0	0.00	0.000		0	0.000	0.000
78	1	1	2	2					0	0	0	0	0	0	0	0.00	0.000		0	0.000	0.000

Anpassungen der Alternativen Nr. 16 und 17 nach dem Prinzip der Nutzenmaximierung

M	MO	A	B	C	D	E	F	G	AKOS	BKOS	CKOS	DKOS	EKOS	FKOS	GKOS	EFG	TENU	BM	KOS	TENUZU	W
5	1	1	1	2					0	50000	30000	0	0	0	0	1.00	0.562	KO	50000	0.281	0.056
10	1	2	1	1					0	0	120000	0	0	0	0	1.00	0.562	KO	120000	0.281	0.023
194	4	1	1	1					5000	0	0	0	0	0	0	1.00	0.425		5000	0.425	0.850
24	1	2	2	1	1				0	25000	25000	25000	0	0	0	1.00	1.500		50000	1.500	0.300
58	1	1	1	2	1	1	2		0	0	50000	50000	0	0	0	1.00	1.500		50000	1.500	0.300
219	5	1	1	1					0	30000	20000	0	0	0	0	1.00	0.500		50000	0.500	0.100
211	4	1	1	2					0	6000	0	0	0	0	0	1.00	0.275		6000	0.055	0.092
40	1	1	1	1	1				0	0	50000	0	0	0	0	1.00	0.450		50000	0.450	0.090
104	1	1	1						0	30000	0	0	0	0	0	1.00	0.375		30000	0.150	0.050
114	1	1	1	1	1				0	0	0	20000	0	0	0	1.00	0.500		20000	0.100	0.050
135	2	1	2						0	0	0	0	0	0	0	0.40	0.350		0	0.000	0.000
46	1	1	1	1	2				0	0	0	0	0	0	0	0.40	0.200		0	0.000	0.000
69	1	1	2						0	0	0	0	0	0	0	0.40	0.150		0	0.000	0.000
64	1	1	2	2					0	0	0	0	0	0	0	0.50	0.113		0	0.000	0.000
62	1	2	2						0	0	0	0	0	0	0	0.00	0.000		0	0.000	0.000
59	1	2	2	2	2	2	2		0	0	0	0	0	0	0	0.00	0.000		0	0.000	0.000
93	1	2							0	0	0	0	0	0	0	0.00	0.000		0	0.000	0.000
82	1	1	2	2					0	0	0	0	0	0	0	0.00	0.000		0	0.000	0.000
131	11	2	1						0	0	0	0	0	0	0	0.00	0.000		0	0.000	0.000
83	1	1	2	2					0	0	0	0	0	0	0	0.00	0.000		0	0.000	0.000
164	6	1	1	1	1	2			0	0	0	0	0	0	0	0.00	0.000		0	0.000	0.000
13	1	2	1	1	1				0	0	0	0	0	0	0	0.00	0.000		0	0.000	0.000
84	1	1	2	2					0	0	0	0	0	0	0	0.00	0.000		0	0.000	0.000
81	1	1	2	2					0	0	0	0	0	0	0	0.00	0.000		0	0.000	0.000

Anpassungen der Alternativen Nr. 16 und 17 nach dem Prinzip der Wirtschaftlichkeitsmaximierung

M	MO	A	B	C	D	E	F	G	AKOS	BKOS	CKOS	DKOS	EKOS	FKOS	GKOS	EFG	TENU	BM	KOS	TENUZU	W
5	1	1	1	2					0	50000	30000	0	0	0	0	1.00	0.562	KO	50000	0.281	0.056
10	1	2	1	1					0	0	120000	0	0	0	0	1.00	0.562	KO	120000	0.281	0.023
194	4	1	1	1					5000	0	0	0	0	0	0	1.00	0.425		5000	0.425	0.850
24	1	2	1	2	2				0	25000	25000	25000	0	0	0	0.80	1.200		25000	1.200	0.480
58	1	1	1	2	1	1	2		0	0	50000	50000	0	0	0	1.00	1.500		50000	1.500	0.300
219	5	1	1	2					0	30000	20000	0	0	0	0	0.70	0.350		30000	0.350	0.117
211	4	1	1	2					0	6000	0	0	0	0	0	1.00	0.275		6000	0.055	0.092
40	1	1	1	1	1				0	0	50000	0	0	0	0	1.00	0.450		50000	0.450	0.090
104	1	1	1						0	30000	0	0	0	0	0	1.00	0.375		30000	0.150	0.050
114	1	1	1	1	1				0	0	0	20000	0	0	0	1.00	0.500		20000	0.100	0.050
135	2	1	2						0	0	0	0	0	0	0	0.40	0.350		0	0.000	0.000
46	1	1	1	1	2				0	0	0	0	0	0	0	0.40	0.200		0	0.000	0.000
69	1	1	2						0	0	0	0	0	0	0	0.40	0.150		0	0.000	0.000
64	1	1	2	2					0	0	0	0	0	0	0	0.50	0.113		0	0.000	0.000
62	1	2	2						0	0	0	0	0	0	0	0.00	0.000		0	0.000	0.000
59	1	2	2	2	2	2	2		0	0	0	0	0	0	0	0.00	0.000		0	0.000	0.000
93	1	2							0	0	0	0	0	0	0	0.00	0.000		0	0.000	0.000
82	1	1	2	2					0	0	0	0	0	0	0	0.00	0.000		0	0.000	0.000
131	11	2	1						0	0	0	0	0	0	0	0.00	0.000		0	0.000	0.000
83	1	1	2	2					0	0	0	0	0	0	0	0.00	0.000		0	0.000	0.000
164	6	1	1	1	1	2			0	0	0	0	0	0	0	0.00	0.000		0	0.000	0.000
13	1	2	1	1	1				0	0	0	0	0	0	0	0.00	0.000		0	0.000	0.000
84	1	1	2	2					0	0	0	0	0	0	0	0.00	0.000		0	0.000	0.000
81	1	1	2	2					0	0	0	0	0	0	0	0.00	0.000		0	0.000	0.000

Anpassungen der Alternative Nr. 19 nach dem Prinzip der Nutzenmaximierung

M	MO	A	B	C	D	E	F	G	AKOS	BKOS	CKOS	DKOS	EKOS	FKOS	GKOS	EFG	TENU	BM	KOS	TENUZU	W
202	15	1							760	0	0	0	0	0	0	1.00	0.625		760	0.625	8.224
106	3	1	1	1					0	7600	0	0	0	0	0	1.00	0.625		7600	0.125	0.164
24	1	1	1	1	2				0	0	0	0	0	0	0	0.80	1.200		0	0.000	0.000
150	7	1	2	2					0	0	0	0	0	0	0	0.00	0.000		0	0.000	0.000
151	7	1	2	2					0	0	0	0	0	0	0	0.00	0.000		0	0.000	0.000

Anpassungen der Alternative Nr. 19 nach dem Prinzip der Wirtschaftlichkeitsmaximierung

M	MO	A	B	C	D	E	F	G	AKOS	BKOS	CKOS	DKOS	EKOS	FKOS	GKOS	EFG	TENU	BM	KOS	TENUZU	W
202	15	1							760	0	0	0	0	0	0	1.00	0.625		760	0.625	8.224
106	3	1	1	1					0	7600	0	0	0	0	0	1.00	0.625		7600	0.125	0.164
24	1	1	1	1	2				0	0	0	0	0	0	0	0.80	1.200		0	0.000	0.000
150	7	1	2	2					0	0	0	0	0	0	0	0.00	0.000		0	0.000	0.000
151	7	1	2	2					0	0	0	0	0	0	0	0.00	0.000		0	0.000	0.000

FIR + IAW
Forschung für die Praxis

Berichte aus dem Forschungsinstitut für Rationalisierung (FIR), Aachen, und dem Lehrstuhl und Institut für Arbeitswissenschaft (IAW) der Rheinisch-Westfälischen Technischen Hochschule Aachen.

Herausgeber: Univ.-Prof. Dr.-Ing. R. Hackstein

1 **Qualitätszirkel und andere Gruppenaktivitäten**
Von F. J. Heeg. ISBN 3-540-15498-1.
1985, 232 Seiten mit 45 Abbildungen und 17 Tabellen 68,- DM

2 **Planung und Auslegung von Palettenlagern**
Von P. Bauer. ISBN 3-540-15499-X.
1985, 148 Seiten mit 42 Abbildungen und 8 Tabellen 68,- DM

3 **Kennzahlen in der Distribution**
Von W. Konen. ISBN 3-540-15624-0.
1985, 150 Seiten mit 9 Abbildungen und 7 Tabellen 68,- DM

4 **Personalbedarf der Arbeitsplanung**
Von P. Bresser. ISBN 3-540-15625-9.
1985, 179 Seiten mit 65 Abbildungen und 6 Tabellen 68,- DM

5 **Analyse und Grobprojektierung von Logistik-Informationssystemen**
Von O. Gast. ISBN 3-540-15626-7.
1985, 187 Seiten mit 68 Abbildungen und 20 Tabellen 68,- DM

6 **Flexibilität in der Fertigung**
Von R. Grob. ISBN 3-540-16159-7.
1986, 158 Seiten mit 25 Abbildungen und 20 Tabellen 68,- DM

7 **Rechnergestützte Planung von Durchlaufregallagern**
Von E.-J. Ribbert. ISBN 3-540-16160-0.
1986, 154 Seiten mit 30 Abbildungen und 7 Tabellen 68,- DM

8 **Wirtschaftliche Arbeitsplanung in der Instandhaltung**
Von W. Jütting. ISBN 3-540-16701-3.
1986, 145 Seiten mit 40 Abbildungen 68,- DM

9 **Planung des Personalbedarfs in indirekten Bereichen**
Von K. Hemmers. ISBN 3-540-16702-1.
1986, 149 Seiten mit 73 Abbildungen 68,- DM

10 **Organisatorische Gestaltung einer zentralen Werkstattsteuerung**
Von M. Strack. ISBN 3-540-17570-9.
1987, 150 Seiten mit 48 Abbildungen 68,- DM

11 **Planzeiten für Konstruktion und Arbeitsplanung**
Von K.-G. Konrad. ISBN 3-540-18040-0.
1987, 151 Seiten mit 49 Abbildungen 68,- DM

12 **Integrierte Produktionsplanung**
Von E. Gillessen. ISBN 3-540-18614-X.
1988, 149 Seiten mit 45 Abbildungen 68,- DM

13 **Einführung von Informations- und Kommunikationstechnologie**
Von R. Junker. ISBN 3-540-18845-2
1988, 157 Seiten mit 26 Abbildungen und 42 Tabellen 68,- DM

14 **Personal Computer in kleinen Produktionsunternehmen**
Von H. Hoff. ISBN 3-540-19407-X.
1988, 158 Seiten mit 64 Abbildungen 68,- DM

15 **Betriebsdatenerfassung in Konstruktion und Arbeitsplanung**
Von M. Virnich. ISBN 3-540-19408-8.
1988, 194 Seiten mit 50 Abbildungen 68,- DM

16 **Informationswesen in der Instandhaltung**
Von W. Klein. ISBN 3-540-50177-0.
1988, 152 Seiten mit 61 Abbildungen 68,- DM

17 **EDV-gestützte Instandhaltung**
Von J. Weingärtner. ISBN 3-540-50178-9.
1988, 171 Seiten mit 52 Abbildungen 68,- DM

18 **Termin- und Kapazitätsplanung der Arbeitsplanung**
Von G. Steger. ISBN 3-540-50179-7.
1988, 195 Seiten mit 99 Abbildungen 68,- DM

19 **Integration von flexiblen Fertigungszellen in die PPS**
Von H.-U. Förster. ISBN 3-540-50181-9.
1988, 179 Seiten mit 78 Abbildungen 68,- DM

20 **Bestimmung des Automatisierungsgrades der rechnergestützten NC-Programmierung**
Von V. Pfennig. ISBN 3-540-50229-7.
1988, 150 Seiten mit 59 Abbildungen 68,- DM

21 **Auswahl und Beurteilung EDV-gestützter IPS-Systeme**
Von U. Breer. ISBN 3-540-50747-7.
1989, 158 Seiten mit 58 Abbildungen und 23 Tabellen 68,- DM

22 **Sicherheit bei Instandhaltungsarbeiten**
Von P. Hartung. ISBN 3-540-50748-5.
1989, 189 Seiten mit 81 Abbildungen 68,- DM

23 **Die Computersimulation - Instrumentarium zur Gestaltung komplexer Arbeitssysteme**
Von F.-J. Gaksch. ISBN 3-540-51536-4.
1989, 172 Seiten mit 64 Abbildungen und 23 Tabellen 68,- DM

24 **Rechnergestützte Konstruktionsarbeit - Humane und wirtschaftliche Gestaltung von Organisation, Technik und Qualifikation**
Von S. Schreuder. ISBN 3-540-51660-3.
1989, 190 Seiten mit 67 Abbildungen und 16 Tabellen 68,- DM

25 **Rechnergestützte Produktionsplanung und -steuerung - Effizienzorientierte Auswahl anpaßbarer Standardsoftware**
Von E. Miessen. ISBN 3-540-51829-0.
1989, 190 Seiten mit 24 Abbildungen und 7 Tabellen 68,- DM